DE LA

PLUIE EN EUROPE.

R

Tout exemplaire non revêtu de la signature de l'éditeur, sera réputé contrefait.

Chalon-sur-Saône. typ. Montalan.

DE

LA PLUIE

EN EUROPE,

PAR

LE COMMANDANT ROZET,

Membre de la Société Philomatique de Paris, de la Société Géologique de France, etc.

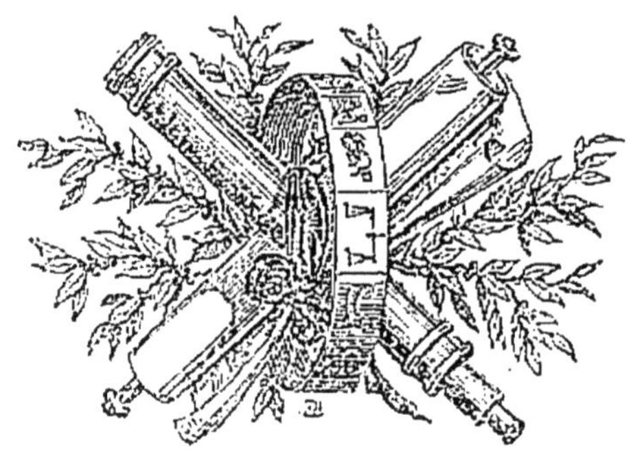

A PARIS :

MALLET-BACHELIER, Libraire, quai des Augustins, 55.

A CHALON-SUR-SAONE : Mlle ROZET, Libraire-Éditeur.

A BRUXELLES : DECQ, Libraire.

A LONDRES : NUTT, Libraire.

1855.

PRÉFACE.

C'est en 1823, lors de ma sortie d'école d'application du corps des ingénieurs géographes militaires, que j'ai commencé mes voyages dans les montagnes pour les travaux géodésiques de la nouvelle carte de France. Je m'étais plusieurs fois trouvé au milieu des nuages et des orages, souvent même au-dessus, frappé de la grandeur du spectacle qui m'environnait, sans y porter d'autre attention que celle d'un jeune homme qui cherche des émotions : et certes, cette immense mer de nuages, au-dessus de laquelle on se trouve souvent quand on séjourne sur les grands sommets, les éclairs qui vous environnent et le fracas du tonnerre, qui gronde dans toutes les directions lorsqu'on est au milieu d'un orage, sont capables d'en faire naître dans le cœur le plus froid.

Après les émotions, me vint la curiosité naturelle à tout observateur! Je cherchai à me rendre compte des phénomènes au milieu desquels je passais une partie du temps. Sur les Alpes, en 1843, je vis clairement que dans les orages, les nuages se mélangeaient entre eux, et que ce mélange produisait, ordinairement, de la neige sur les sommets tandis qu'il pleuvait dans les vallées; dans les Pyrénées, en 1848 et 1849, je reconnus que la vapeur d'eau devenait toujours visible à une certaine hauteur dans l'atmosphère, et que cette région se trouvait être celle de la formation des nuages composés de vapeur vésiculaire. A une grande hauteur au-dessus de cette première espèce de nuages, il s'en trouve une seconde composée de vapeur glacée. En étudiant les rapports qui existent entre les deux, je compris bientôt qu'il fallait qu'elles vinssent à se réunir pour donner naissance aux orages, à la neige et à la pluie. Plus tard, je pus suivre la formation de ces mêmes nuages et leurs diverses transformations.

Jusque-là, je m'étais peu occupé de météorologie, et croyant mes observations entièrement nouvelles, j'en fis part à l'Académie des sciences, qui voulut bien les faire insérer dans les comptes-rendus de ses séances (1).

Les phénomènes que j'avais étudiés étaient si généraux, si grandioses, qu'il me parut impossible que des observateurs aussi éminents que Saussure, Kaemtz et Peltier, qui avaient séjourné si longtemps sur les Alpes, ne les aient pas vus comme moi, et n'en eussent pas parlé dans leurs écrits. Je me mis donc à lire le *Voyage dans les Alpes*, de Saussure, le *Cours complet de Météorologie* de Kaemtz, et les divers mémoires de Peltier, savant illustre, enlevé aux sciences dans la force de l'âge. Je trouvai, dans ces ouvrages, sinon complètement décrits, mais au moins indiqués,

---

(1) Comptes-rendus (T. XXX III).

presque tous les faits que je croyais avoir constatés le premier. Mais dans aucun, ces faits ne sont rassemblés ni liés entre eux, comme ils le sont dans la nature, de manière à pouvoir en déduire l'explication du grand phénomène de la pluie et de tous ceux qui l'accompagnent.

Dans l'article Nuages de l'Encyclopédie moderne, j'ai déjà essayé de lier ces faits entre eux et d'en déduire quelques-unes des conséquences qui en résultent. Depuis, mes travaux géodésiques m'ont ramené pendant trois étés dans les Alpes, et m'ont conduit sur les Apennins pontificaux d'avril en décembre 1852, je me suis donc trouvé à même de confirmer mes premières observations et d'en faire de nouvelles. Outre mes instruments de géodésie, je portais alors avec moi un baromètre et plusieurs thermomètres; j'avais même établi à Gap un observatoire fixe, d'où je découvrais des sommets dont l'altitude varie entre 1,200 ^{m} et 3,200 ^{m}. C'est là que je me réfugiais lors du mauvais temps, et que je faisais de nombreuses observations pendant sa durée. Déjà, en 1850, j'avais commencé ce genre d'observations à Orange, de la fenêtre de ma chambre, en face de laquelle se trouvait le célèbre Mont-Ventoux.

Au grand nombre de faits que j'ai pu ainsi rassembler, j'en ai joint d'autres, extraits des ouvrages de Saussure, Kaemtz, Peltier et Becquerel, afin de rendre aussi complète que possible l'explication de tous les phénomènes qui concourent à la formation de la pluie, et de ceux qui résultent de sa chûte sur la terre. Cette partie compose les quatre premiers chapitres de mon travail; dans le cinquième, intitulé *Utilité de la Pluie et de la Neige*, j'ai rapporté ce que l'on sait à cet égard et mes propres observations, qui demandent à être continuées et étendues parce qu'elles intéressent l'agriculture et la physique du globe.

Je n'ai pas voulu faire un traité de météorologie, qui serait resté, malgré mes efforts, bien au-dessous de ceux de Kaemtz, de Becquerel et de Pouillet; toute mon attention s'est concentrée sur un seul phénomène, mais un des plus vastes et des plus importants, et auquel se rattache directement un grand nombre d'autres ; en sorte que la question est beaucoup plus étendue qu'elle ne paraît au premier abord. Je n'ai pas la prétention de l'avoir complètement résolue : en ajoutant à ce que l'on savait déjà les découvertes que j'ai pu faire, j'ai essayé de l'élucider autant que le permet l'état actuel de mes connaissances. Je n'ai certainement pas atteint complètement mon but; beaucoup de choses peuvent m'avoir échappé, je serai donc très-obligé au lecteur qui voudra bien me faire part de ses remarques sur les omissions et les erreurs que je puis avoir commises.

AVIS.

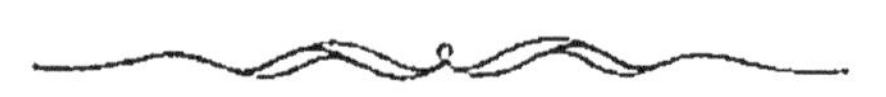

Comme il suffit d'examiner le ciel, dans les divers états qu'il présente ; pour reconnaître parfaitement les différentes espèces de nuages et comprendre les phénomènes que nous avons décrits, nous avons pensé qu'il était inutile d'ajouter des planches au texte.

D'après une série d'observations continuées pendant plusieurs années depuis 1831, à Halle, sur les bords de la mer, et les cîmes des Alpes, Kaemtz a établi (*page* 83) (1) :

« Que pendant toute la durée de l'année, c'est le matin, un peu avant le lever du soleil, que la quantité de vapeur aqueuse, contenue dans l'atmosphère, atteint son minimum : en même temps, à cause de l'abaissement maximum de la température pendant la nuit, l'humidité est à son maximum. A mesure que le soleil monte sur l'horizon, l'évaporation augmente à la surface de la terre, et l'air reçoit à chaque instant une plus grande quantité de vapeur. Mais comme la température croît en même temps, et comme l'air s'oppose à la formation de cette vapeur, il s'éloigne toujours de plus en plus du point de la saturation, et l'humidité relative dimi-

(1) Cours complet de Météorologie, traduit par Martins. Toutes les fois que nous citons Kaemtz, c'est toujours le même ouvrage, auquel nous renvoyons le lecteur.

nue continuellement. Cette marche continue jusqu'au moment où la température atteint son maximum ; ensuite l'humidité augmente jusqu'au lever du soleil.

Pendant l'hiver, la quantité de vapeur augmente régulièrement jusque vers l'après-midi; lorsque le thermomètre commence à baisser, la vapeur se condense en partie sur les corps froids, et sa masse diminue jusqu'au lendemain matin, tandis que, par suite de cet abaissement de température, l'air devient successivement plus humide. »

« En été, il en est autrement : la quantité absolue de vapeur augmente également à partir du lever du soleil, mais, avant midi, il y a un maximum qui, dans les différents mois, vient tantôt plus tôt, tantôt plus tard. La quantité de vapeur diminue ensuite jusqu'au moment de la plus haute température du jour, sans atteindre cependant un minimum aussi bas que celui du matin. Il est clair que dans cet intervalle, l'air s'éloigne toujours de plus en plus du point de saturation. Après avoir atteint son minimum, la quantité de vapeur augmente de nouveau, assez régulièrement, jusqu'au lendemain matin, tandis que relativement l'air devient de plus en plus humide.

Bien que ces résultats soient déduits d'un grand nombre d'observations continuées pendant plusieurs années, Kaemtz ne les considère pas comme définitifs ; ils paraissent différer sur quelques points du globe : le minimum de la quantité de vapeur qui a lieu vers midi, est relativement moins marqué sur les bords de la mer.

« Pour apprécier ces différences, dit-il, » page 86, il faudrait connaître les lois aux- » quelles ces variations obéissent; mais le » nombre des observations étant trop res- » treint, nous nous bornerons à quelques » remarques générales ; toutes ces différences » tiennent, soit aux courants ascendants, » soit à la résistance que l'air oppose à la » translation des vapeurs. Lorsque, le ma- » tin, l'évaporation commence avec l'ac- » croissement de température, la vapeur, » en vertu de la résistance de l'air, s'accu-

» mule à la surface du sol, comme le mon-
» trent les observations faites sur tous les
» points du globe. Cette couche de vapeur
» n'atteint pas une grande épaisseur; mais dès
» que le courant ascendant commence, sur-
» tout en été, les vapeurs sont entraînées
» vers les parties supérieures de l'atmos-
» phère, avec une force qui va toujours en
» croissant jusque vers l'heure de midi. L'é-
» vaporation du sol est alors plus active à
» cause de l'accroissement de température;
» le courant ascendant en emporte néan-
» moins la majeure partie, et il y a diminu-
» tion de la quantité de vapeur : vers le
» soir, quand la température commence à
» baisser, le courant ascendant diminue de
» force ou cesse même tout-à-fait. Alors,
» non-seulement la vapeur s'accumule dans
» les parties inférieures, mais encore elle
» descend des régions supérieures; c'est
» pourquoi nous observons, vers le soir, un
» second maximum qui ne se soutient pas,
» parce que, pendant la nuit, la vapeur
» se précipitant à l'état de rosée ou de gelée

» blanche, l'air devient successivement plus
» sec. »

La justesse de ces remarques est constatée par de nombreuses observations faites par l'auteur en 1832 et 1833 sur le Rigi et le Faulhorn, à 1810 ^{m} et 2672 ^{m} d'altitude. Sur le Rigi, situé au-dessus du lac de Zurich, le minimum de midi manque tout-à-fait à cause des vapeurs qui s'élèvent continuellement de ses eaux; vers le soir, les vapeurs s'abaissent très-rapidement au-dessous du sommet de la montagne. Sur le Faulhorn, la plus grande tension de la vapeur n'a lieu que quelques heures après-midi.

De ces différences notables dans la variation de la quantité absolue de vapeur d'eau, il en résulte de plus grandes encore dans celle de l'humidité relative : le courant ascendant du matin, entraînant les vapeurs vers les régions supérieures, l'air devient relativement plus sec qu'il ne le serait en vertu de l'augmentation de température seulement. Tandis que ces vapeurs s'élèvent, la sécheresse augmente moins rapidement, surtout en considérant que dans les couches supérieures de l'atmosphère, la température change moins que dans les couches inférieures; il peut même arriver que sur des points très-élevés, l'air devienne relativement plus humide dans la journée, tandis que la sécheresse augmente vers le soir, lorsque les vapeurs s'abaissent dans les plaines.

L'eau se réduisant continuellement en vapeur par l'action de la température propre de la terre et celle de la chaleur solaire, augmentée ou diminuée, suivant les circonstances, par les variations de pression atmosphérique, on conçoit que la quantité de vapeur produite dans un temps donné, doit varier avec les époques de l'année. C'est ce que Kaemtz a parfaitement établi par un grand nombre de mesures hygrométriques faites à Halle pendant les différents mois. Il résulte de ces mesures (page 90) :

« Qu'en janvier, le mois le plus froid de l'année, la quantité de vapeur atteint son minimum, en même temps, l'humidité relative est à son maximum. La quantité de vapeur augmentant ensuite avec la hauteur du soleil, atteint son maximum en juillet, le mois où l'air est le plus sec. Après le mois d'août, la quantité d'eau qui se précipite sous forme de pluie, de rosée, de gelée blanche, est beaucoup plus considérable que celle qui passe à l'état de vapeur : la quantité de celle-ci, répandue dans l'atmosphère, va donc toujours en diminuant, bien que l'humidité aille au contraire en augmentant, et soit, généralement, plus forte en novembre et décembre qu'au mois de janvier. De là, les froids humides de ces deux mois. On a trouvé une marche analogue dans tous les pays de notre hémisphère, où des observations ont été faites, même dans l'Inde, où la marche de la température est différente de celle de l'Europe. »

La quantité de vapeur d'eau contenue dans l'air va en diminuant avec la chaleur, depuis l'équateur jusqu'au pôle. L'humidité relative augmente-t-elle dans le même rapport ? C'est ce qui n'a pas encore été établi. En pleine mer, à toutes les latitudes, l'air paraît être à l'état de saturation. Cependant, l'eau de la mer contenant plusieurs sels en dissolution, émet moins de vapeur que l'eau pure ; il a été reconnu que la quantité de vapeur émise par l'eau de l'Océan, est égale à celle qui serait produite par une masse égale d'eau distillée, mais plus froide de 3° 5.

On sait que l'air dépose une partie de sa vapeur sur les corps plus froids que lui, qu'il vient toucher. On nomme point de rosée, l'instant où la température des corps qui se refroidissent, est justement assez basse pour que l'air ambiant y dépose une partie de son humidité sous forme de petites gouttelettes. Eh bien ! à la surface de l'Océan, la température du point de rosée est ordinairement plus basse que celle de l'eau ; il en résulte que l'air supérieur doit être toujours complètement saturé.

Sur les côtes à latitude égale, la quantité de vapeur est la plus grande possible, elle diminue ensuite à mesure que l'on s'avance dans l'intérieur des continents. En Algérie, dans nos stations situées sur les côtes, après

les journées les plus sèches, où le thermomètre dépassait souvent 36°, aussitôt après le coucher du soleil, nos habits de drap étaient pénétrés par le serein, et dans une seule nuit, la lame du couteau que j'avais dans ma poche se trouvait rouillée. Mais à cinq myriamètres des côtes, nous pouvions, le soir, rester très-tard dehors sans être incommodés de l'humidité. Kaemtz dit, page 92 : « Cette règle se con-
» firme dans l'intérieur des Etats-Unis, les dé-
» serts d'Afrique et d'Asie, les steppes de la
» Sibérie, ainsi que dans l'intérieur de la
» Nouvelle-Hollande. Les déserts de l'Afri-
» que, ajoute-t-il, étant tout à fait arides,
» ne sont le siège d'aucune évaporation ; en
» outre, l'extrême chaleur, accrue encore
» par la réverbération du sable, s'oppose aux
» précipitations aqueuses, et, par consé-
» quent, cette contrée est condamnée à une
» éternelle stérilité (1). »

On admet généralement, et toutes les ex-

---

(1) Cette conclusion n'est pas rigoureusement exacte, comme nous le verrons plus loin.

périences prouvent, que la pression de l'atmosphère de vapeur et sa densité diminuent à mesure que l'on s'élève : en est-il de même de l'humidité de l'air ? C'est ce qui ne paraît pas encore parfaitement établi.

Saussure et Deluc, qui, les premiers, ont porté des hygromètres sur les hautes montagnes, ont reconnu que l'air est généralement plus sec sur les hauts sommets que dans les plaines. De Humboldt a constaté le même fait par un grand nombre d'observations dans l'Amérique inter-tropicale. Malgré de si grandes autorités, Kaemtz doute de la généralité de cette règle. Nous qui avons aussi beaucoup parcouru les hautes montagnes, nous partageons ses doutes ; nous avons vu, comme lui, les sommets couverts de brouillards, tandis que, dans les vallées au-dessous, il faisait un beau soleil et une grande sécheresse. Mais lorsque le ciel est exempt de nuages, il est parfaitement vrai que l'air est beaucoup plus sec sur les points élevés que dans les plaines et les vallées qui sont au-dessous ; dans les beaux jours de l'été, on voit souvent, sur les hauts sommets, la neige disparaître très-rapidement sans mouiller la terre, le bois coupé se déjeter très-vite sous l'action des rayons solaires; enfin, les voyageurs y éprouvent une grande soif.

En cherchant à donner l'explication de ce fait, Kaemtz dit, page 94 : « La première » idée qui se présente à l'esprit, est d'admettre » que la tension de la vapeur diminue plus » vite par un temps sec, dans les régions » supérieures de l'atmosphère, que par un » temps humide; toutefois, les différences » observées ne s'expliquent pas uniquement » par cette circonstance : en 1832, la tension » de la vapeur était de 3 ^{mm} 75 sur le Faulhorn, et à Zurich de 8 ^{mm} 80. En 1833, j'ai » trouvé pour le Faulhorn 4 ^{mm} 51, et pour » Zurich 9 ^{mm} 71. Ainsi donc, tandis que pendant l'été de 1832 la quantité de vapeur sur » le Faulhorn est de 0, 43 de celle dans la » plaine, elle se trouve de 0, 46 pendant l'été » de 1833; et quoique ce chiffre soit plus fort » que le premier, il ne suffit cependant pas » pour expliquer les différences observées. » L'influence de la température se montre

» bien plus puissamment : en 1832, la » moyenne de la série fut de 12° 67 à Zurich, et de 2° 46 au Faulhorn ; en 1833, » elle fut de 14° 30 à Zurich, et seulement de » 0° 51 sur le Faulhorn. Pendant la première » année, il fallait s'élever de 230 m pour » avoir une diminution de 1° ; pendant la seconde, il suffisait que cette différence de » niveau fut de 164 m. Il est donc très-probable que le décroissement de température » est beaucoup moins rapide par un temps » serein que par un temps couvert, et c'est » cette circonstance, due à la direction du » vent et à d'autres causes, qui réagit à son » tour sur l'état du ciel, en déterminant ou » en empêchant la condensation de la vapeur. »

Nous verrons plus loin que dans les temps couverts ou orageux, les nuages des régions supérieures tombant sur les hauts sommets, apportent avec eux la basse température de ces régions, au point d'abaisser souvent la température de l'air qui les environne de 10° à 15°. Alors se trouve tout naturellement expliquée la plus grande diminution de température en s'élevant dans les jours couverts que dans les jours sereins. Voici maintenant une forte preuve que la sécheresse des hautes régions tient principalement à leur basse température.

Pendant le cours des opérations géodésiques que j'ai exécutées sur la chaîne des Pyrénées en 1848 et 1849 ; sur celle des Alpes françaises en 1851, 1853 et 1854, où beaucoup de mes observatoires se trouvaient situés sur les grands sommets de ces deux chaînes, j'ai souvent vu l'atmosphère de vapeur aqueuse terminée par une surface horizontale semblable à celle de l'Océan. Ce beau phénomène ne se manifeste bien que lorsque l'air se trouve être calme et assez pur. Dans l'état ordinaire de l'atmosphère, à toutes les heures de la journée, jusqu'à une certaine altitude, je me trouvais plongé dans une masse de vapeur d'eau plus ou moins dense, suivant les circonstances atmosphériques, me cachant tantôt les signaux placés à une distance de 10 kilomètres seulement de mon observatoire, et tantôt me laissant voir ceux qui s'en trouvaient éloignés de 40 kilomètres. En gravissant les hautes montagnes, je restais dans cette masse de vapeur jusqu'à une hauteur plus ou moins considérable, suivant le degré de température, comme il sera établi plus bas ; mais ensuite l'atmosphère devenait beaucoup plus claire, et je voyais la limite supérieure de l'atmosphère de vapeur se dessiner à l'horizon par une ligne bleuâtre semblable à celle qui termine l'horizon de la mer. Lorsque j'étais sur le versant nord des Pyrénées, cette ligne formait, devant moi, une demi-circonférence, ayant pour diamètre l'axe même de la chaîne ; et souvent, quand je me suis trouvé sur des sommets d'où je voyais à la fois la France et l'Espagne, c'était une circonférence entière, dont j'occupais le centre. Très-peu au-dessus du niveau de la ligne bleue, par les temps calmes et avec un ciel pur, je voyais, à son niveau, l'atmosphère de vapeur limitée par une surface parfaitement horizontale, dans les Pyrénées comme dans les Alpes, partant de la chaîne et allant se terminer à cette même ligne. Vers le milieu du jour, lorsque le ciel était très-pur et l'air calme, la surface terminale était formée par une légère brume à travers laquelle je voyais le terrain situé au-dessous, comme s'il était couvert d'une gaze légère, et les sommets, s'élevant au-dessus, semblaient des îles au milieu d'un vaste océan. En continuant de m'élever, je voyais disparaître les portions de cette surface brumeuse les plus rapprochées de moi; c'est-à-dire qu'il paraissait se former, dans la partie centrale du cercle, un vide d'autant plus considérable que je m'élevais davantage; et cela, à tel point, que sur les sommets de 3,000 m d'altitude, je n'apercevais souvent plus qu'une zône étroite voisine de l'horizon et concentrique avec la ligne bleuâtre (1).

Lorsque j'étais plongé dans l'atmosphère de vapeur, elle me paraissait bleuâtre du côté du soleil et blanchâtre du côté opposé. Lors-

(1) Je donne ici la description complète de ce phénomène, pour n'être pas obligé de la diviser en deux.

que je me trouvais plus haut, et que le soleil était assez élevé au-dessus de l'horizon, la surface supérieure présentait, çà et là, quelques teintes différentes peu sensibles ; mais le soir et le matin, vers le coucher et le lever du soleil, je l'ai vue quelquefois couverte d'une belle lumière purpurine formant un onglet sphérique dont l'épaisseur variait en raison inverse de la hauteur du soleil.

La régularité de la surface terminale de l'atmosphère de vapeur persiste pendant toute la durée du jour, lorsque le temps est beau et l'air calme ou à peu près; c'est le lieu de la naissance et de la persistance des nuages formés de vapeur vésiculaire, comme il sera établi plus tard. L'altitude de cette surface n'est pas la même aux différentes heures du jour; elle augmente et diminue comme la hauteur du soleil, et pour des jours différents, le temps restant beau, elle est d'autant plus grande que la température est plus élevée; je m'en suis assuré par des mesures directes de la dépression de la ligne d'horizon au-dessous de mes signaux (1). Dans les Pyrénées, j'ai trouvé au mois de juillet, 2,200 ^{m} pour le maximum de son altitude, et pour le minimum, 1,300 ^{m} à la fin de septembre. Au mois d'août, par un vent du nord assez froid, le thermomètre marquait + 3 ° 0 ; j'ai trouvé, un jour, à 7 heures du matin, 1,172 ^{m}. Dans les Alpes elle s'élève plus haut : je l'ai souvent trouvée supérieure à 3,200 ^{m}, elle va même quelquefois à 4,000 ^{m}, ce que j'ai constaté par la hauteur de certains sommets qui touchaient souvent la surface inférieure des nuages. Toutes les fois que je me suis trouvé au niveau de la surface terminale de la vapeur, le thermomètre s'est toujours tenu au-dessus de 0,° 0, il s'est même quelquefois élevé jusqu'à + 15 °, en sorte que l'on peut dire que la température de cette surface est toujours supérieure à 0,° 0, et qu'elle peut même s'é-

---

(1) J'ai calculé ces dépressions au moyen de la formule $dN = \frac{1}{2} R (1 + n)^2 \tan^2$ (de la dépression) donnée par Puissant dans son *Traité de Géodésie*; dans laquelle R représente le rayon de la terre et n le coefficient de la réfraction.

lever jusqu'à 15° sans que la vapeur qui la compose cesse d'être visible.

Pendant le cours de ses voyages dans les Alpes, Saussure avait eu plusieurs fois occasion d'observer la surface terminale de l'atmosphère de vapeur. Il dit T. 4, page 449 :

« Dans cette journée que je passai sur le
» môle (à 955 toises d'altitude, 1,900 m),
» j'observai distinctement une vapeur bleue,
» parfaitement semblable, à la densité près,
» à celle qui régna pendant l'été de 1783. Il
» est très-rare de la voir aussi dense et aussi
» permanente qu'elle fut en 1783; mais il
» n'est pas rare de la voir dans un moindre
» degré de densité. Je l'avais fréquemment
» observée avant 1783, et j'en ai parlé, d'a-
» près ces observations, dans mes *Essais sur*
» *l'Hygrométrie*, p. 355 et 372. Quand cette
» vapeur a peu de densité et qu'on s'y trouve
» plongé, on ne l'aperçoit qu'avec peine;
» mais, lorsque l'on est élevé au-dessus d'elle,
» et cependant près de sa limite supérieure,
» on la voit très-distinctement, et son bord
» supérieur paraît bien terminé et toujours

» parfaitement horizontal. En arrivant au haut » du môle, je ne l'aperçus point; elle ne » devint sensible qu'à une heure et demie. » Je la vis alors au niveau du mont Salève, » à 500 toises au-dessus de notre lac. Elle » descendit ensuite graduellement à mesure » que le soleil baissa; et comme je descen- » dais la montagne plus vite qu'elle, j'attei- » gnis son bord supérieur vers les 4 heures, » à environ 400 toises au-dessus de la plaine, » je m'arrêtai alors pour observer l'hygromè- » tre, et je le trouvai à 80°, c'est-à-dire de » 37° ou 38° plus à l'humidité que sur la cime » de la montagne; comme on peut le voir en » comparant la 8e observation avec la 9e. Il » est vrai que, dans cet intervalle, la cha- » leur avait diminué, ce qui réduit la diffé- » rence hygrométrique à 31° 5; mais cette » différence est toujours considérable, et con- » court à prouver que cette vapeur, quoique » bien moins humide que le brouillard pro- » prement dit, est pourtant toujours accom- » pagnée de quelque humidité. »

Mes observations, que je croyais d'abord

toutes nouvelles, se trouvaient donc confirmées par celles de Saussure, faites bien antérieurement. Ce grand observateur a constaté de plus que la surface terminale de l'atmosphère de vapeur est composée de vapeur d'eau, et qu'il s'en trouve là une bien plus grande quantité que sur les montagnes supérieures à son niveau ; ce dont j'étais intimement convaincu, mais que je n'avais pas pu d'abord constater, faute de temps et d'instruments. En 1851, ayant porté avec moi, dans les Alpes, un double thermomètre, dont une des boules était entourée de coton mouillé et l'autre exposée à l'air ; en observant au-dessus et un peu au-dessous de cette surface, je suis parvenu au même résultat que Saussure.

Ce niveau de la surface terminale de l'atmosphère de vapeur, à une heure quelconque du jour, dans le beau temps, est le lieu où la vapeur d'eau qui, en vertu de la température de la surface de la terre, s'élève continuellement dans l'atmosphère, passe de l'état invisible à l'état visible ou vésiculaire. Là vient s'arrêter la plus grande partie des vapeurs aqueuses produites à la surface de la terre, et l'on conçoit que, lorsque l'équilibre existe, ou ce qui revient au même, dans le beau temps, il doive, comparativement, régner une grande sécheresse dans les régions situées au-dessus. Mais lorsque des nuages descendent des régions supérieures de l'atmosphère, dans le même moment que d'autres montent des régions plus basses, pour aller s'accumuler sur les sommets, dans les temps orageux, en un mot, il est clair qu'il doit exister une plus grande humidité sur les points élevés que dans les plaines et les vallées, ainsi que Kaemtz l'a constaté, et qu'il sera clairement démontré par les observations que nous rapporterons plus bas.

Influence des vents sur l'humidité de l'atmosphère.

Tout le monde sait qu'il existe des vents secs et des vents humides; ou, en d'autres termes, que l'humidité de l'atmosphère varie avec la direction du vent. Quatre années d'observations consécutives, faites à Halle, de 1834 à 1837, ont conduit Kaemtz aux résultats suivants, page 98 : « La quantité de vapeur contenue dans l'air est aussi petite que possible quand le vent souffle entre le nord et le nord-est; elle augmente quand il tourne à l'est et au sud, elle atteint son maximum entre le sud et le sud-ouest, pour diminuer de nouveau en passant à l'ouest et au nord-ouest. Ces différences s'expliquent naturellement : avant d'arriver dans nos contrées, les vents de la région de l'ouest passent sur l'Atlantique et se chargent de vapeur; tandis que ceux qui soufflent de l'est viennent des continents d'Europe et d'Asie. Le vent ouest-sud-ouest, venant à la fois de la mer et de contrées plus chaudes, peut se charger d'une plus grande quantité de vapeur que le vent d'ouest, qui est plus froid. Aussi, quoique ce dernier ait moins de chemin à faire pour arriver de la mer jusqu'à Halle, contient-il une moindre proportion de vapeur que le sud-ouest. Pour chaque saison, la quantité de vapeur répandue dans l'atmosphère est proportionnelle à la température ; ce fait a été constaté par de nombreuses expériences, et se comprend, du reste, parfaitement ; mais l'humidité relative est, au contraire, en raison inverse de la température. En hiver, par le vent du nord, l'air contient une moins grande quantité de vapeur que par celui du sud, et, à cause de sa basse température, il n'en est pas moins beaucoup plus humide. »

« A Halle, en hiver, page 100, le vent d'est est le plus humide parce qu'il est froid, et le vent d'ouest, plus chaud, est sec ; en été, c'est le contraire. Ordinairement, c'est lorsque chacun de ces vents commence à souffler que le contraste est le plus frappant : si, par exemple, en hiver, les vents d'ouest ont régné avec un ciel pur pendant quelque temps, et qu'il s'élève tout-à-coup un vent de la région de l'est, le ciel se couvre aussitôt, et peu de temps après la vapeur se précipite à l'état de pluie, de neige, et d'épais brouillards descendent sur la terre. Dans cet état de chose, le baromètre est souvent au beau ; mais si le vent d'Est continue à souffler, le ciel devient serein, quoique l'air reste humide. Si le ciel est couvert par le vent d'Est et que le vent tourne subitement au sud, aussitôt le ciel devient pur et l'air sec; car l'air chaud dissolvant une plus grande quantité de vapeur d'eau, s'éloigne du point de saturation. C'est seulement quand le vent a duré quelques jours et nous a apporté une plus grande quantité de vapeur, que l'atmosphère devient humide et se charge de nuages.

L'examen des variations qui ont lieu dans la journée, a conduit Kaemtz à reconnaître une rotation régulière des vents : le vent passe de l'est au sud-est, puis au sud, et ainsi de suite. Les proportions de vapeur d'eau ne sont pas les mêmes pour chacun de ces vents : quand la girouette indique le sud-est, elle passe bientôt au sud; les circonstances qui devaient déterminer le changement existaient déjà. La quantité de vapeur d'eau augmente graduellement dans la journée; par la même raison, cette quantité de vapeur diminue si le vent est au nord-est, parce qu'il se prépare à passer au nord. Par le vent d'est, la quantité de vapeur augmente dans la journée ; toutefois, aux heures les plus chaudes, elle diminue rapidement. Par le vent du sud, elle croît précisément pendant les mêmes heures. Dans les saisons chaudes, ces variations sont beaucoup plus considérables que dans les saisons froides ; elles dépendent des courants ascendants. Par le vent d'est, lorsque le ciel est pur, les vapeurs s'élèvent sous l'influence du soleil, et la quantité dissoute diminue alors jusqu'au soir, où il en tombe une partie sur le sol. Pendant le vent du sud, le ciel est souvent couvert ; les courants ascendants sont plus faibles, quelquefois nuls, et les vapeurs qui se sont formées pendant le jour, restent, le soir, dans les couches inférieures de l'atmosphère.

De la Rosée et de la Gelée blanche.

L'intelligence de ce qui suit exige que nous disions quelques mots de ces deux phénomènes, bien qu'il n'entre pas dans notre sujet de les décrire complètement.

On donne le nom de *rosée* à une portion de vapeur d'eau qui se dépose sous forme de gouttelettes, après le coucher du soleil, sur tous les corps qui, se trouvant sous la voûte céleste, peuvent facilement rayonner avec l'espace. Tout le monde a remarqué, que lorsqu'on apporte dans un appartement chaud une carafe remplie d'eau fraîche, la surface de cette carafe se couvre bientôt de rosée ; les vitres d'une croisée fermée se couvrent d'humidité pendant la nuit. La présence, au milieu de l'air humide, d'un corps plus froid que lui, détermine à l'instant la précipitation d'une partie de sa vapeur, d'où résulte l'humidité dont le corps se couvre. Nous avons déjà dit que le degré de température auquel il faut abaisser un corps pour qu'il puisse déterminer la précipitation d'une partie de la vapeur de l'air qui le touche, se nomme *point de rosée.*

Après le coucher du soleil, tous les corps de la surface de la terre qu'il a échauffés pendant sa présence sur l'horizon, rayonnant avec les espaces célestes, se refroidissent et arrivent bientôt au point de rosée, alors ils se couvrent d'humidité, et la précipitation continue toute la nuit, surtout quand l'air est calme et le ciel serein ; parce que le rayonnement avec les espaces célestes est alors très-actif ; aussi la rosée est-elle plus abondante pendant les nuits calmes et sereines que dans celles où le ciel est couvert et l'air agité.

On empêche la rosée de se déposer sur un corps exposé à l'air, en le couvrant d'un écran ; on diminue beaucoup la quantité qu'il en peut recevoir, en plaçant à côté de lui une planche verticale ; cette planche empêche une partie du rayonnement avec l'espace.

On conçoit, et l'expérience a prouvé, que certains corps se couvrent plus de rosée que certains autres, et que la quantité que chacun en reçoit n'est pas la même ; cela tient, en grande partie, aux différences du pouvoir émissif. Les plantes se mouillent plus que le sol, les divers sols plus que les métaux, le sable plus qu'un sol battu, les copeaux plus que le morceau de bois d'où ils proviennent.

C'est principalement sur les côtes et dans le voisinage des masses d'eau, où l'air est plus humide, que les rosées sont les plus abondantes. Dans l'intérieur des continents, il y a une diminution sensible à mesure que l'on s'éloigne des fleuves et des lacs; dans les déserts de l'Afrique et dans l'intérieur de l'Asie, les rosées sont presque nulles.

Kaemtz dit, page 103 : « Si la température est très-basse, la rosée se montre à l'état de gelée blanche. » Tous les cultivateurs savent qu'il arrive souvent de la gelée blanche sans que le thermomètre descende à 0,°0. J'ai souvent constaté ce fait, et voici comment je l'explique : vers le lever du soleil, les circonstances atmosphériques favorisant beaucoup l'évaporation, la rosée, tombée pendant la nuit, se vaporise alors si rapidement, qu'elle s'enlève, à elle-même, une assez grande quantité de chaleur, pour congeler, en petites aiguilles, la portion qui en reste sur les corps. Cette évaporation subite ayant reporté dans l'atmosphère une grande quantité de vapeur d'eau, il en résulte ordinairement de la pluie peu de temps après, ainsi que tout le monde le sait.

La rosée n'est pas de la pluie, ce n'est pas non plus de la bruine, comme nous l'établirons parfaitement en traitant de ces deux phénomènes : on le savait déjà du temps d'Aristote; car ce grand philosophe a dit : qu'elle tombe principalement pendant les nuits calmes et sereines.

CHAPITRE TROISIÈME.

De la vapeur d'eau à l'état visible.

Quelque transparent que soit l'air atmosphérique, il contient toujours une certaine quantité de vapeur d'eau, que l'on rend sensible en y plongeant un corps froid, ou un corps très-avide d'eau, comme la potasse, le chlorure de calcium, etc.; on ne peut même avoir de l'air sec qu'en employant des moyens chimiques. Nous avons dit que, dans l'atmosphère, l'air contient d'autant plus de vapeur d'eau que sa température est plus élevée, et que pendant l'élévation de température, cette vapeur y est de moins en moins sensible.

Quand on abaisse la température d'une masse d'air, chargée de vapeur d'eau, cette vapeur se manifeste, à un certain degré du thermomètre, sous forme d'une nébulosité. De l'air humide, échauffé, lancé dans de l'air plus froid, y détermine de suite une nébulosité : c'est ainsi que l'air sortant de notre bouche vers 32° de température, détermine un petit brouillard, visible pour tout le monde, dans l'air atmosphérique, à partir de +10° de température et plus bas, celui qui sort de la cheminée d'une locomotive, à 100°. forme des nuages dans l'atmosphère à +32°, comme je l'ai souvent observé sur les chemins de fer du midi de la France et ceux d'Italie. Du premier fait il résulte, qu'il suffit d'une différence de 22° entre deux masses d'air humide qui se mélangent; pour que la vapeur d'eau devienne visible à l'instant même. Dans les régions où j'ai aperçu la surface terminale de l'atmosphère de vapeur, la température a toujours été supérieure à 0°, elle s'est même élevée, rarement il est vrai, jusqu'à 15°, la température, près de la surface du sol, n'étant certainement pas alors supérieure à 32°. D'après cela je crois être dans le vrai, en disant qu'il suffit d'une différence de 20° entre les températures de deux masses d'air qui se mélangent tranquillement pour que la vapeur qu'elles contiennent passe de l'état invisible à l'état visible.

Aussitôt que la vapeur d'eau contenue dans l'atmosphère, ou, plutôt, dans une partie de l'atmosphère, devient visible, elle forme une nébulosité et change d'état, comme il a été établi par les expériences de Halley et de Saussure : chaque nébulosité aqueuse, examinée à la loupe, se trouve composée d'une infinité de petites vésicules, que tout le monde peut voir en faisant bouillir, dans un vase ouvert, de l'eau noircie, ou en examinant le brouillard éclairé, par le soleil, se projetant sur un fond noir : « Examiné à la loupe, dit » Kaemtz page 107, le brouillard se compose » de petits corps opaques. Une étude appro- » fondie montre que ces petits corps sont » composés d'eau, obéissant aux lois de la » gravitation universelle. Les molécules d'eau

» se groupent sous forme de sphérules, » comme du mercure versé dans une sou- » coupe de porcelaine, ou de l'eau au fond » d'un vase enduit de corps gras. Ces sphé- » rules sont-elles pleines ou creuses? Telle » est la question qui divise les météorologis- » tes. L'opinion, émise par Halley, que ces » sphérules sont creuses et que l'eau ne sert » que d'enveloppe, paraît beaucoup plus fon- » dée que l'autre. Toutefois, il est probable » qu'elles sont entremêlées d'une grande » quantité de gouttelettes d'eau. »

En examinant la vapeur d'une eau noircie chauffée dans un vase ouvert, Saussure vit traverser le champ de sa loupe par des globules de grosseur variée : les plus petits passaient très-rapidement, une grande partie des autres retombait sur la surface du liquide. D'après Saussure, les petites vésicules qui s'élèvent diffèrent tellement des autres, qu'il est impossible de douter que les premières soient creuses. Les propriétés optiques de ces vésicules viennent confirmer cette opinion : jamais elles n'offrent cette scintillation que l'on remarque sur les gouttelettes pleines exposées à une vive lumière. Il paraît, de plus, que l'on n'a jamais observé de véritables arcs-en-ciel sur les nuages composés de vapeur vésiculaire et non de gouttelettes d'eau. Enfin Kratzenstein, ayant examiné à la loupe et au soleil, les vésicules qui s'élevaient de l'eau chaude, a reconnu à la surface, des anneaux colorés semblables à ceux de la bulle de savon; il est même allé jusqu'à calculer l'épaisseur de la mince enveloppe. Saussure et Kratzenstein ont essayé de déterminer le diamètre des vésicules des brouillards, et ils donnent 0 ^{mm} 012 pour maximum de ce diamètre. Pour le même objet, Kaemtz a eu recours au phénomène des couronnes que présentent le soleil et la lune, vus à travers un nuage peu épais; et il donne pour moyenne 0,^{mm} 022 (page 109). Ce diamètre varie avec les saisons, il est à son maximum en décembre, 0,^{mm} 035 et à son minimum en mai, 0,^{mm} 0156. Il change aussi avec les mois; il est plus petit quand le temps est beau et plus grand quand le temps est à la pluie; enfin, il paraît être fort inégal dans le même nuage.

Des brouillards.

« Quand le brouillard se montre quelque
» part, dit Kaemtz, page 110, c'est que l'air
» est saturé d'humidité ; alors seulement, la
» vapeur d'eau peut se précipiter incessam-
» ment pendant plusieurs heures. »

En appliquant le nom de *brouillard* aux nébulosités qui troublent la transparence de l'air, par le passage de l'état invisible à l'état visible de la vapeur aqueuse, toutes mes observations me portent à dire : qu'il y a formation de brouillard, toutes les fois qu'une masse d'air, à peu près saturée de vapeur, passe dans une autre dont la température est moins élevée de 20° au moins, contenant elle-même une notable proportion de vapeur d'eau. Dès 1784, Hutton avait dit : quand deux masses d'air saturées, d'inégale température, viennent à se mélanger, il y a précipitation de la vapeur aqueuse. Si les masses d'air ne sont pas à l'état de saturation, elles deviennent néanmoins plus humides ; et, si les températures sont fort différentes, il y aura précipitation quand même les deux masses ne seraient point saturées. De ces principes, simples, découle toute la théorie de la formation des brouillards, des nuages et du phénomène de la pluie.

Quelquefois le matin en été et très-souvent en automne, on aperçoit un léger brouillard au-dessus des masses et des cours d'eau de la surface de la terre. Pendant la nuit, par l'effet du rayonnement, la température de la surface de l'eau s'étant moins abaissée que celle du sol environnant, et d'après mes expériences, la température de l'air en contact avec le sol étant en ce moment égale à celle de sa surface, la différence entre la température de l'air et celle de l'eau se trouve alors suffisante pour que la vapeur qui s'élève de celle-ci passe immédiatement à l'état visible, et forme au-dessus des masses d'eau une couche de brouillards, plus ou moins épaisse, toujours terminée supérieurement par une surface horizontale, analogue à celle de l'atmosphère de vapeur dans les hautes régions. Le même phénomène se produit dans les vallées des montagnes que le soleil ne vient éclairer que plusieurs heures après son lever : l'air restant dans ces vallées plus froid que sur les plateaux et sommets qui les dominent, il s'y forme, à une hauteur variable pour chacune, une nébulosité, terminée par une surface parfaitement horizontale, dans les temps calmes, et toujours d'une altitude inférieure à celle qui termine l'atmosphère de vapeur dans les hautes régions. Nous verrons plus bas, que de là résultent les couches de nuages à différents niveaux que l'on observe souvent dans les régions montueuses. A mesure que le soleil monte, le sol s'échauffant plus que l'air, les nébulosités, dont nous venons de parler, finissent par se dissiper, sauf les cas dont nous parlerons plus loin.

Au-dessus de la surface terminale de l'atmosphère de vapeur visible dans les hautes régions, il existe encore une certaine quantité de vapeur à l'état invisible, comme les expériences de Saussure, de Kaemtz, pages 94 et 95, et les miennes l'ont prouvé. Cette vapeur monte-t-elle directement de la surface de la terre avec les courants ascendants, ou bien est-ce simplement une émanation de la nébulosité terminale de l'atmosphère de vapeur? C'est ce qui me paraît difficile d'établir; je crois que ces deux causes agissent, ici, ensemble; mais pour le moment, il nous suffit de constater l'existence, au-dessus de ce que nous avons appelé, par convention, l'atmosphère de vapeur aqueuse, d'une seconde masse de vapeur, moins dense que la première, au moins aussi épaisse, généralement beaucoup plus diaphane, et terminée encore supérieurement par une surface horizontale, comme il sera établi plus bas. C'est dans ces deux enveloppes, sphériques, de vapeur superposées, dont l'inférieure touche la surface de la terre, que se produisent tous les phénomènes qui concourent à la formation de la pluie, comme nous le démontrerons. Dans la première de ces enveloppes, pour nos contrées, du moins, la température ne descend à 0,° que pendant l'hiver; dans la seconde, au contraire, elle n'est au-dessus de ce terme que dans le voisinage de sa surface inférieure, et encore probablement, pendant les saisons chaudes. A sa surface supérieure, le thermomètre est souvent à — 15° en été, et la vapeur s'y trouve à l'état glacé. Mais nous anticipons ici sur ce qui va suivre.

Des Nuages.

On peût lire dans plusieurs traités de physique et météorologie, qu'un nuage n'est autre chose qu'un brouillard, hors duquel se trouve l'observateur ; ou bien qu'une nébulosité aqueuse est un brouillard pour celui qui s'y trouve plongé tandis que c'est un nuage pour celui qui en est dehors : ensorte qu'il n'y aurait, suivant cette dénomination, aucune différence entre un nuage et un brouillard. Il n'en est nullement ainsi.

Un *brouillard* est une région de l'atmosphère, dont la température se trouve tellement inférieure à celle de la masse ambiante, le sol compris, que la plus grande partie de la vapeur qui s'y trouve, ou qui y vient, passe de l'état invisible à l'état visible.

Un nuage est le groupement de la vapeur d'eau visible suivant une forme déterminée, permanente, pendant un certain temps au moins, jouissant de propriétés particulières qui en font un individu ; résistant enfin, avec une certaine énergie, aux forces extérieures qui tendent à le détruire.

Peltier a dit (1) : « Un nuage est donc ainsi » composé : les globules opaques sont groupés » par petits flocons, ayant leurs limites et » leurs sphères d'action, comme les globules » eux-mêmes. Les petits flocons, en se grou- » pant, forment des flocons plus gros, ceux- » ci des mamelons ; un certain nombre de » mamelons, par leur réunion, forment une » *nuelle*, les nuelles, à leur tour, forment » des nuages définis. »

Dans son ouvrage sur le climat de Londres, publié en 1803, Howard a classé les différentes espèces de nuages d'après leur forme, et sa classification a été, depuis, adoptée dans tous

(1) Notice sur la vie et les travaux de Peltier, page 267.

les ouvrages de météorologie. Il distingue trois formes principales de nuages :

1° *Cirrus*, 2° *cumulus*, 3° *stratus.*

Ces formes subissent diverses modifications, auxquelles il donne les noms suivants :

Cirro-cumulus, *cirro-stratus*, *cirro-cumulo-stratus*, ou *nimbus*, nuage orageux et pluvieux.

Les cirrus sont ces nuages blanchâtres, formés de filaments déliés, dont l'ensemble figure un pinceau, des cheveux crépus, une masse de laine cardée, etc.; ils paraissent souvent composés de filets parallèles, et sont même, quelquefois, parallèles entre eux; car on les voit converger vers un même point du ciel.

Les cumulus sont ces gros nuages à formes arrondies, terminés inférieurement par une surface horizontale, que l'on voit dans les belles journées, surtout en été, former des masses plus ou moins considérables dans diverses régions du ciel.

Les stratus sont ces bandes aplaties, horizontales, qui se forment souvent vers le coucher du soleil, pour disparaître à son lever ou se transformer en cumulus. M. Becquerel a très-justement dit (1) : « Les cumulus peu- » vent être considérés comme des nuages de » jour, et les stratus comme des nuages de » nuit. »

Dans *les nimbus*, toutes les formes sont tellement mélangées, que l'on n'en reconnaît aucune : on peut dire qu'il n'y a pas de forme; c'est un brouillard épais. Quant aux autres formes, que l'on comprend d'après le simple énoncé, nous y reviendrons dans le cours des descriptions.

Formation des nuages. Dans son Essai sur l'hygrométrie, page 310, Saussure dit : « Arrêté par un vent pluvieux sur la cîme » ou le penchant de quelque montagne, je » cherchais à épier la formation des nuages, » que je voyais naître, presque à chaque » instant, sur les forêts ou sur les prairies » situées au-dessous de moi. Nul brouillard ne

(1) Éléments de Physique terrestre, page 389.

» couvrait leur surface; l'air qui les envi-
» ronnait, était parfaitement net et transpa-
» rent; mais, tout-à-coup, tantôt ici, tantôt
» là, il paraissait quelques-uns de ces nua-
» ges, sans que jamais je pusse saisir le com-
» mencement de la formation : dans une place
» que mon œil venait de quitter, où deux
» secondes avant il n'en existait pas, j'en
» voyais, tout-à-coup, un déjà grand. »

« Quand on considère de loin une chaîne
» de montagnes, dit Kaemtz, page 114, on
» voit souvent un nuage attaché à chaque
» sommet, tandis que les intervalles sont par-
» faitement clairs. Cette apparition persiste
» pendant des heures et même pendant des
» jours entiers; mais cette immobilité n'est
» qu'apparente; car, sur les sommets, il rè-
» gne souvent un vent violent qui condense
» les vapeurs à mesure qu'elles s'élèvent le
» long des flancs des montagnes : lorsqu'elles
» s'éloignent des sommets, elles ne tardent
» pas à se dissiper, et, page 112, « lorsque
» le ciel est couvert, on remarque souvent
» sur le penchant des montagnes, un brouil-

» lard local n'occupant qu'un petit espace ; » ce brouillard se dissipe bientôt pour repa- » raître ensuite. J'ai pu analyser une fois, » près de Wiesbaden, les circonstances de ce » singulier phénomène : après une forte pluie, » qui avait pénétré le sol, les nuages s'en- » tr'ouvrirent, le soleil parut, et je vis une » colonne de brouillards s'élever constam- » ment du même point; j'y courus : c'était » une prairie fauchée entourée de pâturages » couverts d'une herbe haute qui, s'échauf- » fant moins que la surface fauchée, don- » naient lieu à une évaporation moins ac- » tive. »

Le 24 mai 1850, à Orange, j'ai eu un très-bel exemple de la formation de nuages par le refroidissement de certaines régions : il avait beaucoup plu dans la nuit précédente ; au lever du soleil, les flancs du Mont-Ventoux, depuis le sommet jusque vers le milieu des pentes, étaient couverts de neige, ainsi que plusieurs montagnes voisines, d'une altitude de 1,000 ^{m} à 1,400 ^{m}. Vers huit heures du matin, à Orange, le thermomètre marquait

+ 17,°, des cumulus blanchâtres isolés, s'élevant du fond des vallées, disparaissaient parvenus à une certaine hauteur; mais autour du Ventoux et de toutes les montagnes couvertes de neige, les nuages blanchâtres, plus nombreux, se groupaient, et vers dix heures ils formaient des masses floconneuses, séparées les unes des autres, qui cachaient ces montagnes. A deux heures du soir, le thermomètre marquant + 21,° par un temps calme, les rayons solaires avaient entièrement dissipé ces masses de nuages, et la neige des montagnes était fondue.

Ces faits sont une nouvelle preuve que la vapeur d'eau contenue dans l'atmosphère, passe de l'état invisible, ou moléculaire, à l'état visible ou vésiculaire, dans une région, toutes les fois que la température de cette région vient à s'abaisser d'une certaine quantité de degrés : les nuages résultent ensuite du groupement de la vapeur vésiculaire produite.

Les faits que nous venons de rapporter, sont simplement le résultat d'accidents locaux, qui se produisent principalement dans les perturbations de l'atmosphère. Mais quand elle est dans l'état d'équilibre, ou à peu près, la formation des nuages est un phénomène général parfaitement régulier, dans toute l'étendue où les circonstances se trouvent favorables. J'ai eu occasion de l'observer dans toutes ses phases, un grand nombre de fois, dans les Pyrénées et dans les Alpes, et surtout dans ces dernières pendant l'été de 1854.

Placé un peu au-dessus du niveau de la surface terminale de l'atmosphère de vapeur, ou mieux, du lieu où la vapeur passe de l'état invisible à l'état visible, surtout le matin avant le lever du soleil, ou dans l'instant du lever du soleil, je voyais paraître, sur cette surface, et dans un grand nombre de points, de petits flocons blancs qui s'augmentaient plus ou moins rapidement; plusieurs venant à se réunir, donnaient naissance à une nuelle, et les nuelles, elles-mêmes, en se groupant produisaient des cumulus, exactement comme Peltier l'avait observé. Chaque cumulus, reposant sur la surface terminale de l'atmosphère de vapeur, était terminé inférieurement par une surface horizontale, tandis que les parties latérales et supérieures, offraient de gros flocons plus ou moins arrondis, résultant du groupement des nuelles. Tant que ces nuages restaient séparés les uns des autres, je voyais entre eux la surface brumeuse, semblable à une gaze les tenant tous attachés, restant au niveau de leur surface inférieure qui formait comme une voûte sphérique dont les voussoirs étaient séparés. Dans les beaux jours, les cumulus s'élevant avec le soleil, absolument de la même manière que la surface, sur laquelle ils reposaient, diminuaient à mesure et finissaient par disparaître sous l'influence des rayons solaires. Mais lorsque le ciel devait rester couvert, ils s'augmentaient jusqu'à ce qu'ils vinssent à se toucher, et le contact se faisait par des surfaces arrondies sans qu'ils se confondissent les uns avec les autres. Alors ils venaient à former une grande masse terminée, inférieurement, par une surface parfaitement horizontale, et supérieurement, par une surface mamelonnée très-irrégulière, au-dessus de laquelle les sommets plus élevés, paraissaient comme autant de petites îles. Dans les beaux jours, nous jouissions d'un temps magnifique, avec un ciel pur, au-dessus de cette mer de nuages.

Après le coucher du soleil et pendant la nuit, il se montre toujours quelques petits stratus à la surface terminale de l'atmosphère de vapeur. Ces stratus commencent à paraître en forme de bandes plus ou moins larges, dans lesquelles se fractionne la vapeur visible horizontale, qui est souvent devenue tellement dense qu'on la prendrait pour de l'eau. Quand la vapeur n'a qu'une densité ordinaire, les stratus restent, toute la nuit, séparés les uns des autres et paraissent flotter comme des planches à la surface d'un lac tranquille ; car ils sont terminés, supérieurement, par une surface presque horizontale, ensorte qu'ils sont compris entre deux surfaces sensiblement parallèles. Lorsqu'on les regarde d'en bas, l'effet de la perspective, d'une voûte sphérique, fait qu'on les croit placés les uns au-dessus des autres, tandis qu'ils sont réellement tous au même niveau, dans le temps calme bien entendu, comme les surfaces inférieures des cumulus. Quand le temps doit rester couvert, ou ce qui revient au même, quand l'atmosphère est saturée de vapeur d'eau, les stratus viennent à se toucher ou ne laissent entr'eux que des intervalles étroits, à travers lesquels on voit le ciel bleu quand on est au-dessous d'eux. Vers le matin, les stratus se transforment en cumulus, et, dans le pelotonnement qui s'opère alors, j'ai remarqué une foule de ces figures singulières d'hommes et d'animaux, etc., que présentent quelquefois les nuages.

Dans les beaux jours d'été, où le ciel est couvert de cumulus, vers le soir, les nuages s'aplatissent et se transforment en stratus, qui redeviennent cumulus au lever du soleil. Il résulte de là, que les stratus et les cumulus sont des nuages de la même espèce, les uns et les autres composés de vapeur vésiculaire; ils ne diffèrent que par la forme.

Des circonstances particulières, refroidissant certaines régions plus que la masse générale de l'atmosphère : des vents locaux, l'ombre portée le matin sur les vallées par les montagnes qui les dominent, la présence de masses d'eau, de neiges, etc. Il se forme dans ces régions de la vapeur visible, au-dessous du niveau où ce phénomène se produit dans la masse générale de l'atmosphère. Dans les circonstances favorables, cette vapeur se groupe aussi en nuages, cumulus ou stratus, de là ces couches partielles de nuages, que l'on voit souvent le matin et le soir à différents niveaux, surtout dans les pays de montagnes.

Dans les belles matinées, ces couches inférieures de cumulus, chauffées par le soleil à mesure qu'il monte, s'élèvent graduellement pour aller se réunir à celle de la surface générale de vapeur visible; mais, lorsque le ciel n'est pas couvert, elles se fractionnent, les fragments diminuant de grosseur à mesure qu'ils s'élèvent, finissent par disparaître entièrement.

Dans les beaux jours nuageux, les cumulus ne se touchent pas, et comme ils se trouvent tous placés sur une même surface sphérique de niveau, en les regardant d'en bas, l'effet de la perspective les montre échelonnés les uns au-dessus des autres comme des gradins, de l'horizon au zénith. On comprend, d'après cela, que les intervalles qui les séparent doivent aller en diminuant à mesure qu'ils s'éloignent du zénith, de sorte que, près de l'horizon, ils paraissent entassés les uns sur les autres, bien que, réellement, ils n'aient pas cessé d'être au même niveau, et qu'ils puissent être séparés par d'aussi grands espaces que ceux de la région zénithale.

Les cumulus, ou stratus, s'élèvent et s'abaissent comme la surface de niveau qui leur sert de base : ils se trouvent au minimum d'élévation au lever du soleil, au maximum, vers les deux heures du soir, puis ils redescendent ensuite jusqu'au lever du soleil. J'ai parfaitement établi cette loi, dans les Alpes et les Pyrénées, en rapportant à des sommets de montagnes la surface inférieure de la masse des nuages. Dans les Pyrénées, en 1848 et 1849, je n'avais pas vu l'altitude de la surface inférieure des cumulus dépasser 3,000 ^{m}, mais dans les Alpes, en 1851, 1853 et 1854, je l'ai vue arriver jusqu'au sommet du Pelvans, c'est-à-dire à 4,100 m. C'est la plus grande hauteur que je lui ai vu atteindre pendant les grandes chaleurs de l'été dans lesquelles le thermomètre est monté jusqu'à 28,[illegible]° à Gap, à 700 m au-dessus du niveau de la mer. Le soir, je l'ai vue descendre jusqu'à 1,200 m sans qu'il fît mauvais temps.

Les cumulus et les stratus se dilatent en s'élevant et se contractent en s'abaissant. Ce qui se comprend puisque cet effet est le résultat de l'action thermométrique. Je m'en suis d'ailleurs assuré par des mesures directes faites avec mon théodolite. Me trouvant, à Orange, en face du Mont-Ventoux, dont la distance à mon observatoire était connue, je mesurais l'épaisseur des nuages qui venaient souvent toucher le sommet de cette montagne, en prenant deux distances zénithales; l'une de la surface inférieure, l'autre de la surface supérieure. Les plus grandes épaisseurs que j'aie trouvées par un beau temps, ont été

à dix heures du matin	1,180 m
à deux heures du soir	1,290 m
Différence	110 m qui repré-

sentent l'augmentation d'épaisseur, ou la dilatation verticale de dix heures du matin à deux heures du soir. J'ai quelquefois trouvé l'épaisseur de la couche de cumulus réduite à 300 m. Quand le temps se prépare à la pluie, l'épaisseur des nuages augmente sans que le thermomètre monte, par l'addition d'une nouvelle quantité de vapeur vésiculaire. En 1826, MM. Peytier et Hossard ont vu, dans les Pyrénées, l'épaisseur d'une couche de cumulus augmenter de 450 à 850 m du jour au lendemain. Durant toutes les observations que j'ai faites dans la région des cumulus, de mai en octobre, à des altitudes dont la plus forte n'a pas dépassé 3,200 m, je n'ai jamais vu le thermomètre descendre plus bas que + 1° le matin comme le soir, dans le beau temps, bien entendu. L'eau de ces nuages n'était donc pas à l'état glacé.

La température de l'intérieur d'un nuage formé de vapeur vésiculaire, est toujours plus basse que celle de l'air ambiant : je m'en suis plusieurs fois assuré, me trouvant sur des sommets où je pouvais facilement entrer dans les nuages et en sortir en deux minutes. La différence est allée jusqu'à 3°. Il n'est pas question ici des nuages orageux, dont l'arrivée sur un point, abaisse la température, très-souvent, de 15°.

Quand la couche de cumulus, formée de nuages isolés, persiste, ceux-ci ne tardent pas à se rapprocher et à arriver au contact, pour former une masse plus ou moins continue. Quand les nuages arrivent à se toucher, ils ne se confondent jamais : le contact a lieu comme celui des masses élastiques pressées les unes contre les autres. Placé au-dessus d'eux, j'ai souvent observé, avec une bonne lunette, les cumulus quant ils viennent à se toucher, et jamais je n'ai remarqué entre eux la moindre décharge électrique. Ce fait joint à celui de l'espèce de répulsion entre leurs surfaces latérales, pressées les unes contre les autres, prouve qu'ils sont tous dans le même état électrique.

Me trouvant au-dessus de la couche de cumulus, dans une atmosphère pure et sans nuage, je l'ai vue persister pendant plusieurs jours de suite, sans donner la moindre goutte de pluie; cachant le soleil à tout le pays qui se trouvait au-dessous. Quand il se faisait une ouverture quelque part, les rayons solaires passaient à travers, et je voyais au-dessous, une campagne parfaitement éclairée.

L'épaisseur de cette couche varie suivant l'état de l'humidité de l'air : je l'ai vue formée de nuages légers et floconneux, laissant entr'eux, et même dans leur masse, des vides, par où passaient les rayons du soleil; je l'ai vue formée de gros cumulus, juxta-posés, dont l'épaisseur dépassait souvent 1,000 m. La surface supérieure présentait alors une foule d'élévations et de dépressions arrondies, tandis que l'inférieure restait toujours assez exactement horizontale. Vers le soir, les inégalités de la surface supérieure diminuent; les nuages s'aplatissent et tellement quelquefois, pendant la nuit, qu'au lever du soleil, on se croirait au-dessus d'une mer moutonneuse. Cette mer s'avance vers les crêtes en s'introduisant dans les vallées, comme la mer dans les anses. J'ai souvent remarqué que, dans ces portions de la masse des cumulus, la surface supérieure était concave ; ce qui m'a paru provenir de ce que la terre, se trouvant alors plus chaude que l'air, les nuages touchant les rameaux, sont obligés de s'élever vers les crêtes. A mesure que le soleil monte sur l'horizon, les inégalités de la surface supérieure de la couche de cumulus, augmentent pour atteindre leur maximum entre midi et deux heures. Il arrive assez souvent, surtout en été, que la couche de nuages se dissipe sous l'action des rayons solaires. Du sommet des hautes montagnes, j'ai souvent étudié ce phénomène pendant toute sa durée : vers neuf heures, et toujours avant onze, du matin, en général, quand l'atmosphère était claire au-dessus des cumulus, je voyais s'élever çà et là, des colonnes irrégulières qui, parvenues à une certaine hauteur, se brisaient et dont les fragments se dissipaient en s'élevant. Dans le même moment, il se faisait de grands trous dans la couche, et de grosses masses de nuages étaient portées vers les sommets, où quelques-unes s'arrêtaient un peu ; mais, elles étaient bientôt toutes brisées et les fragments disparaissaient en s'élevant. Quelquefois, toute la couche disparaissait ainsi dans une heure, et ensuite, le ciel restait pur. Pendant le mouvement ascensionnel des nuages, il existait toujours une brise, même quelquefois un vent assez fort, soufflant de la plaine vers les sommets. Plusieurs fois, après la disparution de la couche de cumulus, j'ai vu la surface terminale de l'atmosphère de vapeur, à la hauteur qu'occupait sa surface inférieure.

Dans le phénomène que nous venons de décrire, on voit clairement que la masse de vapeur vésiculaire, ramenée à l'état de vapeur moléculaire, ou invisible, par la chaleur solaire, est entraînée par les courants ascendants, vers des régions certainement élevées de plusieurs mille mètres au-dessus de celle où elle existait dans le premier état. Dans ces régions supérieures, la vapeur d'eau passe de nouveau à l'état visible ; puisqu'elle y forme des nuages.

Si j'ai souvent vu le ciel rester pur après la destruction de la couche de cumulus, souvent aussi j'ai vu des nuages se former à une grande hauteur et voiler le soleil : ceux-ci, étaient toujours des cirrus. Il m'est souvent arrivé aussi de voir, beaucoup au-dessus des grands sommets des Pyrénées, 3,400 m, et de nos Alpes, 4,100 m des cirrus et même des couches de cirrus, ou de cirro-cumulus, dans le même moment qu'il existait au-dessous de moi, une puissante couche de cumulus.

Avant la formation des cirrus, le bleu du ciel est terni par une teinte blanchâtre, semblable à une gaze légère, qui affaiblit la lumière des astres et qui produit des halos, cercles plus ou moins grands, autour du soleil et de la lune. Bientôt on voit des filaments déliés paraître dans cette teinte blanche, puis ces filaments se groupent, plus ou moins vite, pour produire toutes les formes que nous présentent les cirrus. Ce travail se fait toujours dans une région très-élevée, et toujours sur une surface horizontale ; car les cirrus formés sont disposés au-dessus les uns des autres, de l'horizon au zénith, absolument comme les cumulus.

« Les cirrus sont les nuages les plus élevés, » dit Kaemtz page 117. Il est difficile de dé- » terminer leur hauteur, des mesures faites » à Halle, m'ont conduit souvent à leur assi- » gner une élévation de 6,500 m, les voya- » geurs qui ont parcouru les hautes monta- » gnes, sont unanimes pour assurer que des » sommets les plus élevés leur apparence est » la même. Pendant un séjour de onze se- » maines, en face du Finsteraorkorn, dont » l'élévation est de 4,200 m, je n'ai jamais » observé de cirrus au-dessous du sommet de » cette montagne. C'est au milieu des cirrus » que se forment les halos et les parhélies ; » et, en étudiant ces nuages, au moyen du » miroir noirci, il est rare de ne pas y décou- » vrir des traces de halos. Ces phénomènes » étant dûs à la réfraction de la lumière dans » les particules glacées, on peut en conclure » que les cirrus, eux-mêmes, se composent » de flocons de neige, qui nagent, à une » grande hauteur, dans l'atmosphère. Des » observations continuées pendant dix ans, » m'ont convaincu de la vérité de cette asser-

» tion, et je ne connais pas d'observations
» qui tendent à prouver que ces nuages se
» composent de vésicules d'eau. On s'étonnera
» sans doute qu'en été, lorsque la température
» atteint souvent 25°, les nuages qui flottent
» au-dessus de nos têtes soient composés de
» glace; mais le doute disparaîtra, si l'on
» songe au décroissement de la température
» avec les hauteurs. »

Si l'on adopte 180^{m} pour la hauteur correspondante à l'abaissement de 1° du thermomètre, en s'élevant dans l'atmosphère, une des plus fortes valeurs trouvées (1), avec une température de + 20° au niveau de la mer, celle de la région des cirrus, 6,000^{m} au-dessus, serait de — 13°. Il n'est donc pas étonnant que la vapeur d'eau y soit glacée.

Les cirrus ont une tendance marquée à se disposer en longues bandes parallèles, lesquelles, comme nous l'avons déjà dit, semblent converger vers un point du ciel. Leur

(1). Dans les Alpes, en juillet, j'ai trouvé 200^{m}. entre 1,400^{m}. et 3,200^{m} d'altitude par le beau temps.

direction est, le plus souvent, N. S. ou N. E. S. O. Je les ai souvent vus, dans les Alpes, surtout le matin, dirigés, sensiblement de l'Est à l'Ouest, même quand le vent du nord soufflait très-fort.

Quand le temps veut se mettre à la pluie, les cirrus se pelotonnent et passent à l'état de cirro-cumulus. On dit vulgairement alors que le ciel est pommelé. De là cet ancien proverbe : *Temps pommelé*, *femme fardée*, ne sont pas de longue durée. Dans ce cas, les cirrus s'abaissent notablement, comme nous le dirons plus loin. On pense que les cirro-cumulus, sont formés de vapeur vésiculaire.

« Lorsque le vent du Sud-Ouest l'emporte » et s'étend aux régions inférieures de l'at- » mosphère, dit Kaemtz, page 118, les cirrus » deviennent de plus en plus denses parce que » l'air est plus humide; ils passent alors à » l'état de *cirro-stratus*, qui se montrent d'a- » bord sous la forme d'une masse semblable » à du coton cardé, et, peu à peu, ils pren- » nent une teinte grisâtre, en même temps » le nuage semble s'abaisser, et il se forme

» de la vapeur vésiculaire qui ne tarde pas à » se précipiter sous forme de pluie. Les mêmes » circonstances météorologiques, détermi- » nent, quelquefois, la formation de cirro- » cumulus légers, qui se composent entière- » ment de vapeur vésiculaire, ils n'affaiblis- » sent pas la lumière du soleil qui les traverse, » et de Humboldt a souvent pu voir à travers » ces nuages des étoiles de 4e grandeur, et » même reconnaître les taches de la lune. »

Nous avons dit que les cirrus reposent, inférieurement, sur une voûte sphérique régulière, comme les cumulus. Cette voûte doit terminer une seconde masse de vapeur, comprise entre la surface supérieure de celle qui produit les cumulus, et le lieu où la vapeur aqueuse se congèle.

Nous avons donc ainsi, deux régions principales de formation des nuages :

1° Celle des cumulus, où la vapeur qui monte de la surface de la terre passe à l'état vésiculaire, et qui peut atteindre une altitude de 4,100 ^{m}.

2° Celle des cirrus, où la vapeur se congèle,

et dont l'altitude, en été, n'est certainement jamais inférieure à 5,000 m.

De là, deux espèces de nuages et seulement deux espèces : les *cumulus*, formés de vapeur vésiculaire, et les cirrus formés de vapeur glacée. Toutes les autres espèces de nuages distinguées par Howard, ne sont que des modifications de ces deux-là, ainsi que je l'ai constaté par une foule d'observations.

Les cirrus doivent aussi être tous dans le même état électrique ; car, placé au-dessus de la couche de cumulus, et observant avec une bonne lunette, je n'ai jamais vû la moindre décharge entre les cirrus qui viennent à se toucher et même à se mélanger ; ce qui arrive souvent dans l'état filamenteux de ces nuages.

Dans l'état d'équilibre, la surface supérieure des cumulus, n'atteint jamais la surface inférieure des cirrus ; quand les uns et les autres existent ensemble dans l'atmosphère, il existe toujours un espace vide, assez considérable, plus de 1,000 m, entre les deux couches que forment chacune de ces espèces de nuages. Si

dans toute une couche, les nuages sont dans le même état électrique, chaque couche a un état électrique différent : j'ai souvent vu de fortes décharges électriques, entre les cirrus et les cumulus qui venaient à se toucher dans les temps d'orages. Les décharges sont quelquefois très-faibles, bien que ces deux espèces de nuages arrivent au contact. Souvent même je n'en apercevais aucune trace, bien que j'observasse avec une excellente lunette. Ainsi donc, la quantité d'électricité que renferment les nuages, doit notablement varier, suivant certaines circonstances sur lesquelles je n'ai aucune donnée positive. Le lecteur désireux de connaître ce que l'on sait à cet égard, pourra consulter les *Éléments de Physique terrestre* de M. Becquerel, pages 462 et suivantes.

CHAPITRE QUATRIÈME.

Des Orages, de la Pluie et de la Neige.

Comme ce volume a principalement pour objet l'explication du phénomène de la pluie, je ne parlerai des orages que dans leurs rapports avec ce phénomène : d'ailleurs, que pourrais-je en dire après des hommes aussi éminents que les Saussure, les Kaemtz, les Becquerel et les Peltier dont les ouvrages renferment un si grand nombre de faits, et de si belles conséquences, déduites de ces mêmes faits.

Saussure a dit (1) : « Quant aux orages, je

---

(1) *Voyage dans les Alpes*, T. 7. Page 467.

» n'en ai vu naître, dans les montagnes, que » dans le moment de la rencontre ou du conflit » de deux ou de plusieurs nuages : au col du » Géant, tant que nous ne voyions dans l'air, » ou sur le sommet du Mont-Blanc, qu'un » seul nuage, quelque dense ou quelque » obscur qu'il fut, il n'en sortait point de » tonnerre ; mais s'il s'en formait deux cou- » ches l'une au-dessus de l'autre, ou s'il en » montait des plaines ou des vallées, qui » vinssent atteindre ceux qui occupaient les » cîmes, leur rencontre était signalée par des » coups de vent, du tonnerre, de la grèle et » de la pluie. »

Pendant les six étés que j'ai observé sur les hautes cîmes des Pyrénées et des Alpes, j'ai reconnu la grande exactitude de cette remarque du célèbre Genevois : tant qu'il n'existait au-dessus ou au-dessous de moi qu'une seule espèce de nuages cumulus ou cirrus, formant une couche plus ou moins vaste quelles que fussent son épaisseur et sa compacité, il n'y avait ni orage ni pluie, bien que la couche, principalement celle de cumulus, persistât

pendant plusieurs jours de suite, en s'élevant et s'abaissant avec le soleil. Quand il en existait deux couches différentes, cumulus et cirrus, tant qu'elles se tenaient à une certaine distance l'une de l'autre, il n'y avait encore point de mauvais temps. Quelquefois, mais rarement, ces deux couches se dissipaient sous l'influence des rayons solaires; alors, le temps restait beau. Mais lorsqu'elles persistaient ensemble, les nuages de celle d'en haut ne tardaient pas à descendre, tandis que ceux d'en bas s'élevaient en colonnes plus ou moins irrégulières, et leur rencontre était annoncée par la formation d'un nimbus, qui, généralement s'augmentait très-rapidement et souvent, surtout en été, avec accompagnement d'éclairs et de tonnerre : la pluie tombait bientôt ensuite.

Depuis longtemps Hutton avait remarqué que : « Quand deux masses d'air saturées, mais » d'inégales températures se rencontrent, il y » a précipation de la vapeur aqueuse. Si les » deux masses d'air ne sont pas à l'état de » saturation, elles deviennent néanmoins plus

» humides, et si les températures sont fort dif-
» férentes, il y aura précipitation quand même
» les deux masses d'air ne seraient pas sa-
» turées. Kaemtz page 103. »

Or , m'étant trouvé plusieurs fois sur les hauts sommets des Alpes dans le lieu de la réunion des cirrus et des cumulus , c'est-à-dire dans le nimbus en formation , j'ai vu le thermomètre baisser subitement de 12° et même 15° , preuve de la basse température des cirrus qui venaient d'une région beaucoup plus élevée.

« (1) Monck Masson dans ses excursions
» aéronautiques , a remarqué que , lorsqu'un
» ciel complètement couvert de nuages donne
» de la pluie, il y a toujours une rangée sem-
» blable de nuages située au-dessus à une cer-
» taine hauteur , et qu'au contraire , quand il
» ne pleut pas , quoique le ciel présente infé-
» rieurement la même apparence , l'espace
» situé immédiatement au-dessus présente ,

(1) Notice sur la vie et les travaux de Peltier, page 443.

» pour caractère dominant, une grande éten-
» due de ciel clair et jouissant d'un soleil qui
» n'est masqué par aucun nuage. »

Peltier a dit : « (1) En général, un orage
» est composé de deux rangs de nuages ; les
» uns résineux inférieurs, les autres vitrés
» supérieurs. C'est presque toujours entre ces
» deux couches de nuages qu'ont lieu les
» échanges électriques. Les échanges entre
» les nuages résineux et la terre, sont beau-
» coup plus rares qu'on ne le pense commu-
» nément. Franklin, Saussure et Baccaria,
» ont émis l'opinion que cette superposition
» de nuages, chargés d'électricité différente,
» était indispensable pour la constitution d'un
» orage, et que jamais un nuage unique ne
» pouvait être orageux.

» Les cumulus ne disparaissent pas toujours
» le soir, Kaemtz, page 130 : ils deviennent
» plus nombreux, leurs bords sont moins
» brillants, leur centre plus foncé, et ils pas-

(1) Notice sur la vie et les travaux de Peltier, pages 404 et 405.

» sent à l'état de cumulo-stratus, surtout,
» si il existe au-dessus d'eux une couche de
» cirrus. On doit s'attendre alors à des pluies
» ou à des orages, car dans les régions su-
» périeures et nuageuses, l'air est voisin du
» point de saturation.

» Souvent l'orage se forme plusieurs heures
» avant d'éclater (Kaemtz, page 345), le ma-
» tin le ciel est complètement pur, vers midi,
» on remarque des *cirrus* isolés qui donnent
» au ciel un aspect blanchâtre, le soleil est
» pâle et blafard, il y a des parhélies et des
» couronnes autour du soleil. Plus tard, les
» cumulus apparaissent, et, en s'étendant,
» ils se confondent avec la couche supérieure.
» Peu de temps avant que l'orage éclate, on
» voit une troisième couche, que l'on re-
» marque surtout dans les pays de monta-
» gnes : toutefois, je l'ai aussi aperçue dans
» les plaines de l'Allemagne, quoique moins
» bien que sur les Alpes. »

J'ai aussi vu cette troisième couche dont parle ici Kaemtz, elle n'a pas toujours le temps de se former distinctement avant l'orage. Plusieurs fois je l'ai vue se produire de la manière suivante :

Lorsqu'il existe simultanément deux couches, cirrus et cumulus, d'une notable épaisseur, situées à une assez grande distance l'une de l'autre, et que le mauvais temps est prochain, les cirrus descendent en passant à l'état de cirro-stratus, des mouvements violents se manifestent dans la couche des cumulus, et, de la surface supérieure, s'élèvent des colonnes qui, parvenues à une certaine hauteur, s'étalent en champignons. Quand ces champignons sont nombreux, ils se réunissent et forment une couche plus ou moins étendue, et plus ou moins régulière. Cette dernière pousse bientôt en haut des ramifications qui vont au-devant des cirrus tombants, et alors, souvent au milieu des éclairs et du tonnerre, il se forme des nimbus qui n'offrent plus qu'une grande confusion accompagnée de mouvements violents dans la masse, et de vents froids soufflant dans diverses directions. Plusieurs fois, dans mon observatoire d'Orange, en face du Mont-Ventoux, pendant l'été de

1850, observant la formation de cette troisième couche, j'ai pu mesurer, au moyen des distances zénithales, la longueur des colonnes de cumulus, qui était fréquemment de 900 m à 1,000 m, j'en ai trouvé une de 2,000 m qui n'atteignait pas encore les cirrus situés au-dessus. Comme en ce moment, la couche de cumulus dont l'épaisseur était de 1,000 m touchait inférieurement le sommet du Mont-Ventoux élevé de 1,916 m au-dessus de la mer, il en résulte que les cirrus, qui commençaient déjà à descendre, étaient au moins encore à 5,000 m d'élévation. J'ai plusieurs fois employé cette méthode pour déterminer la hauteur des cirrus, et j'ai toujours obtenu des nombres voisins de 5,000 m. Ainsi, quand les cirrus existent seuls, ils doivent être beaucoup plus élevés : Gay-Lussac, dans son ascension aérostatique, parvenu à une altitude de 7,000 m vit encore au-dessus de lui des cirrus qui lui parurent à une grande distance.

Je pourrais encore rapporter un grand nombre d'autres faits épars dans les ouvrages de météorologie; mais les précédents suffisent pour confirmer pleinement mes propres observations sur le mode de formation des orages et de la pluie. Ces deux phénomènes, toujours intimement liés entr'eux, *résultent de la rencontre des cirrus avec les cumulus, ou de la vapeur glacée et de la vapeur vésiculaire* : je ne crois pas qu'une de ces deux vapeurs, seule puisse donner de véritable pluie.

Sur un sommet des Alpes élevé de 1,600 m et couvert alors d'un cumulus, j'ai produit pendant une heure, en jetant de la neige dans un grand feu, de la vapeur à 100° sans pouvoir obtenir la moindre goutte d'eau, le thermomètre monta seulement de 1° à 10 m de mon feu, dont il était abrité par un rocher. En voyageant sur les chemins de fer au milieu d'épais brouillards, je n'ai jamais vu la fumée sortant de la locomotive, se résoudre en pluie; elle disparaissait même assez vite au milieu du brouillard. Dans l'expérience dont je viens de parler, un homme, placé sur le rocher auprès duquel était le feu, passait, dans un tamis de fer très-fin, de la neige qui tombait sur la vapeur s'élevant du feu. Nous n'obtînmes ainsi que quelques gouttes d'eau très-rares, provenant, sans doute, des particules de neige les plus tenues; mais toutes celles visibles à l'œil tombaient sur le sol à l'état glacé. Ce fait me porte à croire que la vapeur glacée doit être à un état d'extrême ténuité dans les cirrus. Toutes les observations tendent à prouver qu'elle s'y trouve en petits cristaux. Par une grande gelée et un beau temps d'hiver, on aperçoit aux rayons du soleil, près de la surface du sol, l'air tout scintillant; effet produit par de petits cristaux de glace qui s'y trouvent suspendus: Les cirrus sont alors près de la surface du sol. Dans leur belle ascension aérostatique faite en juillet 1850, par un temps orageux et pluvieux, MM. Barral et Bixio, parvenus à 7,000 ^{m} de hauteur dans le nimbus au-dessus des nuages pluvieux, éprouvaient un froid de — 39°, et pendant que le ballon montait, leurs papiers et leurs habits étaient couverts d'une infinité de petits cristaux de glace, qui cessaient de tomber aussitôt que le ballon redescendait.

La chaleur du soleil faisant passer les cirrus

à l'état de cirro-stratus, puis de cirro-cumulus, transforme, probablement, la vapeur glacée en vapeur vésiculaire ; mais elle ne la précipite pas à l'état de pluie. Quand la température de l'atmosphère s'abaisse, sans l'intervention des cirrus, les cumulus descendent jusque dans une région dont la température de l'atmosphère leur permette de s'y tenir en équilibre ; mais ils ne se résolvent pas en pluie. A la fin de l'automne et dans l'hiver, ils viennent souvent toucher la surface des plaines, dans nos contrées, sans donner de la pluie, et quand on peut s'élever au-dessus d'eux, ce que j'ai quelquefois fait à Paris en montant seulement sur la Butte Montmartre, on jouit d'un ciel pur et d'un soleil brillant.

La Bruine. Tout le monde sait qu'il tombe souvent du brouillard de très-petites gouttes d'eau qui voltigent dans l'air, c'est ce que l'on nomme *bruine*, et ce n'est aucunement de la pluie, ce phénomène s'observe souvent sur les hauts sommets et surtout dans les cols où le vent fait, souvent, monter les nuages avec une grande rapidité.

Le *Givre*. Quand la température des corps qui sont à la surface de la terre est très-basse, ce qui arrive souvent en hiver, le dépôt de l'humidité des cumulus sur ces corps n'est qu'une simple rosée; en vertu du froid, cette rosée se gèle à mesure qu'elle tombe, et les couvre ainsi de petites aiguilles de glace enchevêtrées les unes dans les autres; c'est ce que l'on nomme le *givre*. Il arrive quelquefois que le givre se fond, puis gèle aussitôt, alors les corps, et surtout les branches des arbres, se trouvent couverts d'une couche de glace.

Quant à ces grosses gouttes de pluie que quelques observateurs ont vues tomber par un ciel sans nuages, phénomène qui suivant Kaemtz se produirait en moyenne deux fois par an, elles peuvent être le résultat de petits amas diaphanes de vapeur vésiculaire et de vapeur glacée, que l'action électrique mélange dans les hautes régions de l'atmosphère: cela est d'autant plus probable, que ce phénomène n'a encore été observé qu'en été.

Toutes nos observations et les faits que nous venons de rapporter, nous conduisent donc à dire qu'il n'y a de véritable pluie que lorsque les cirrus viennent à se mélanger avec les cumulus, ou les vapeurs glacées avec les vapeurs vésiculaires : toutes les autres précipitations d'eau, de l'atmosphère sur la terre, ne sont pas de la pluie. Disons maintenant comment se produit la pluie, ayant suivi plusieurs fois toutes les phases de sa formation sur les sommets des Alpes pendant les années 1851, 1853 et 1854.

Toutes les fois que je me suis trouvé dans la région où se faisait le mélange des cirrus et des cumulus, ou, en d'autres termes, dans celle de la formation d'un nimbus, j'ai toujours vu que le mélange donnait immédiament naissance à une chûte de neige ou de grésil : la neige, en flocons plus ou moins gros, se fondant, après être tombée plus ou moins bas suivant la température, produisait de la pluie à grosses gouttes; tandis que le grésil donnait toujours de la pluie à petites gouttes, et dont les filets étaient beaucoup plus serrés que ceux de la pluie à grosses gouttes. Dans cette région, le thermomètre s'est toujours maintenu au-dessus de 0,° 0 : il était plus bas quand il tombait du grésil que quand il tombait de la neige , j'ai trouvé + 1° à 1,° 5 dans le premier cas et jusqu'à + 2° dans le second.

L'élévation de la région dans laquelle la neige se fond en tombant pour donner de la pluie, est proportionnelle à celle de la température. J'ai constaté ce fait par une série d'observations faites à Gap à 800 m au-dessus du niveau de la mer, de mai en novembre 1851 (1). Ayant géodésiquement déterminé l'altitude des principaux sommets qui se voyaient de mon observatoire , et prenant souvent aussi celle de la limite inférieure , presque toujours assez exactement horizontale , de la couche de neige tombée , pendant qu'il pleuvait dans la vallée , sur les sommets, j'ai obtenu les nombres suivants :

---

(1) Compte-rendu des séances de l'Académie des Sciences , T. XXXIII.

Le thermomètre marquant

+ 5° il neigeait	jusqu'à	900 m
+ 7°	»	1,000
+ 8° à 9°	»	1,200
+ 10	»	1,500
+ 12	»	1,700
+ 14	»	2,000
+ 16 à 18°	»	3,000

Dans les grandes chaleurs de l'été de 1854, où le thermomètre est monté jusqu'à 28° à Gap, et même à Barcelonnette dont l'altitude est de 1,100 m, j'ai vu la limite inférieure de la région neigeuse s'élever jusqu'à 3,400 m. D'autre part, j'ai constaté que cette altitude était celle où commencent les neiges perpétuelles, en désignant ainsi celles directement tombées sur le sol, et non celles accumulées dans des cavités ou contre des rochers, qui ne fondent pas entièrement pendant l'été. Ainsi la plus grande élévation, dans une contrée, de la surface horizontale au-dessus de laquelle il neige toujours, se trouve être précisément la limite inférieure des neiges perpétuelles.

Il résulte de ce que nous venons d'exposer,

que toutes les fois qu'il tombe de la pluie dans une contrée, il neige en même temps au-dessus, à une élévation d'autant plus grande qu'il fait plus chaud, et d'autant moindre qu'il fait plus froid. Voilà pourquoi la neige tombe si souvent à la surface de la terre dans les vallées et dans les plaines pendant l'hiver, et en été sur les sommets des hautes montagnes. Ainsi la pluie et la neige résultent, simultanément, du même concours de circonstances, et ne sont différenciées que par la température des régions.

Au-dessous d'un nimbus pluvieux, l'air étant toujours très-humide et sa température d'autant plus élevée qu'il est plus voisin de la surface du sol, la goutte d'eau provenant d'un flocon de neige, ou d'un grésil, à la température de 0,°0 précipite en tombant la vapeur de la petite colonne d'air qu'elle traverse, et s'augmente ainsi à mesure qu'elle descend : il m'est souvent arrivé dans les Pyrénées et dans les Alpes, après avoir reçu une pluie fine sur les sommets, d'apprendre, en revenant dans les vallées, qu'il y était tombé de la pluie à grosses gouttes ; j'ai souvent vu aussi les gouttes augmenter de grosseur, lorsque je descendais, très-vite, des sommets pendant la pluie. Les observations pluviométriques, faites par toute la terre, ont prouvé que la quantité de pluie qui tombe dans chaque contrée, est d'autant plus grande que le pluviomètre est placé plus bas. A l'observatoire de Paris, il y a deux instruments, un placé sur le sol de la cour, et l'autre sur la terrasse à 27 m au-dessus, le premier reçoit annuellement 0,m57 d'eau et l'autre seulement 0,50.

Quand on regarde tomber la pluie, on pourrait croire qu'elle arrive sur le sol avec une très-grande vitesse. Grâce à l'établissement du chemin de fer, j'ai pu parvenir à déterminer, approximativement, cette vitesse, et voici comment : la fenêtre d'un wagon de chemin de fer est un rectangle dont le grand côté est sensiblement vertical. Quand la machine est en mouvement, ce rectangle acquiert une vitesse assez grande. Un jour entre Chalon-sur-Saône et Dijon, où la pluie tombait très-verticalement quand le wagon était arrêté, je la voyais tomber très-obliquement aussitôt qu'il était en mouvement. La goutte passant par le sommet de l'angle supérieur du rectangle qui marchait le premier, venait couper le côté vertical opposé en un point, qui variait peu d'une station à l'autre. La distance de ce point au sommet de l'angle supérieur représentait évidemment la vitesse de la pluie et le côté horizontal celle du wagon.

Le rapport de ces deux lignes donnait donc celui des vitesses ; en nommant a et b les longueurs de ces lignes on a $\frac{a}{b} = K$. Mais la distance entre chaque station étant marquée en kilomètres, la vitesse moyenne du wagon se détermine facilement ; il ne reste donc plus dans l'équation qu'une seule inconnue, la vitesse de la goutte de pluie, qui se trouve ainsi déterminée; dans la mesure que j'ai faite, la goutte tombait de 11 ^{m} par seconde. Une goutte d'eau étant un sphéroïde d'un certain diamètre, éprouve de la part de l'air une assez forte résistance, qui diminue beaucoup la vitesse qu'elle pourrait acquérir par son poids seul, si elle tombait dans le vide.

Dans une couche de cumulus, il ne se forme de nimbus et par conséquent d'orage et de pluie que dans les lieux où il arrive des cirrus, comme je l'ai constaté un grand nombre de fois dans les montagnes. Cela explique comment un orage vient tout-à-coup fondre sur une contrée tandis que le temps reste beau à une petite distance; comment dans les temps couverts, il pleut sur certains points et non sur certains autres, et la différence des quantités de pluie tombée dans des lieux différents : l'abondance de la pluie étant toujours proportionnelle à l'épaisseur des nuages qui se mélangent pour la produire. Il arrive souvent, ainsi que je l'ai constaté dans les hautes montagnes, que la couche de cirrus qui domine celle de cumulus n'est pas continue, elle ne présente quelquefois que des espèces de paquets qui ne se touchent pas; alors la pluie ne tombe que par contrées séparées les unes des autres : dans ces pluies générales sur une grande étendue de terrain, comme il en arrive souvent dans le nord de la France, il existe, en haut, deux couches continues, très-épaisses, de cirrus et de cumulus, qui se mélangent continuellement avec de violents mouvements et au milieu de vents très-froids soufflant dans diverses directions.

J'ai déjà dit que l'arrivée des cirrus dans la région des cumulus produisait un froid si grand que j'ai quelquefois vu le thermomètre baisser subitement de 15°. C'est à cet effet qu'il faut attribuer le froid que l'on éprouve souvent pendant les pluies et qui a été si préjudiciable aux récoltes pendant l'été de 1854. Plusieurs fois dans les Alpes et les Pyrénées, par une journée chaude de l'été, nous avons été gelés dans nos observatoires à l'arrivée subite d'un nuage orageux, et réchauffés par le soleil, dix minutes après que ce nuage était passé.

Cette basse température des nimbus détermine des courants d'air froid du lieu qu'ils occupent vers les régions inférieures, plus chaudes, environnantes. C'est un fait facile à vérifier ; le vent vient toujours du nuage orageux quelle que soit la position de l'observateur : à Paris les pluies et les orages viennent généralement avec le vent du sud-ouest, parce que dans cette direction se trouve l'Océan, réservoir immense de vapeur, au-dessus duquel se forment les nimbus.

Tant qu'il n'existe dans l'atmosphère qu'une seule couche de nuages, la régularité de la surface inférieure de cette couche est constante, de même que lorsque deux couches existent, l'une au-dessus de l'autre sans se mélanger ; mais, dans ce dernier cas, la régularité est, ordinairement bientôt troublée. A l'approche d'un orage, il se manifeste toujours des mouvements dans les couches de nuages, qui troublent aussitôt la régularité de la surface inférieure : incontinent on voit des nimbus se former et la masse des cumulus baisse notablement ; ce dont je me suis souvent assuré, en rapportant la surface inférieure à des sommets de montagnes et à certains points des versants. J'ai vu plusieurs fois, dans les Alpes et dans les Pyrénées, les nimbus, en formation, descendre jusqu'au fond des vallées avant de donner de la pluie. Ces mouvements dans les couches de nuages sont souvent accompagnés d'éclairs et de tonnerre, surtout en été. A la fin de la pluie, le nimbus, beaucoup moins sombre, se relève, plus ou moins vite, en se cumulant, et quand la pluie est tout-à-fait passée, on ne voit plus inférieurement que des cumulus qui se touchent latéralement, et dont la surface inférieure devient de nouveau une surface de niveau horizontale.

Ces faits sont généraux; mais il arrive quelquefois, surtout en automne et en hiver, qu'après la pluie, des nuages noirâtres, légers, ordinairement séparés les uns des autres, circulent, entre les cumulus et la surface de la terre, en donnant de la bruine. Quand le temps doit se mettre au beau, ces nuages ne tardent pas à disparaître; mais quand la pluie doit reprendre, ils deviennent plus nombreux, plus épais et finissent par donner eux-mêmes de la pluie : leur vapeur est alors, probablement, précipitée par l'eau qui tombe du nimbus supérieur.

Variations de la colonne barométrique. — Tout le monde sait que la colonne barométrique s'abaisse notablement à l'approche du mauvais temps ; mais l'abaissement du baromètre n'annonce pas toujours des orages ou de la pluie : les vents chauds font toujours baisser le baromètre et les vents froids le font toujours monter, bien que les uns n'amènent pas toujours le mauvais temps, et les autres pas toujours le beau temps (1). J'ai fait, à Gap, en 1851 pendant trois mois, des observations barométriques pour déterminer les variations de la colonne de mercure à l'approche du mauvais temps, pendant et après, qui m'ont conduit aux résultats suivants (2).

Le mercure commence à baisser, quand il se montre à la fois des cirrus et des cumulus dans l'atmosphère ; c'est au moment de la formation des nimbus que l'abaissement est le plus fort. Lorsque la pluie ne dure que quel-

(1) Becquerel, *Éléments de Physique terrestre*, page 337.

(2) Compte-rendu des séances de l'Académie des Sciences, T. XXXIII.

ques heures, le baromètre reste stationnaire pendant tout le temps qu'elle tombe, et aussitôt après il remonte sensiblement, en même temps que le nimbus s'élèveen se cumulant. Quand la pluie durait plusieurs jours de suite, comme il est arrivé au printemps de 1851, je voyais le baromètre monter et descendre plusieurs fois, sans pouvoir mettre en rapport ses mouvements avec ceux qui s'opéraient alors dans les nuages. Pendant la pluie, les vents soufflaient, généralement, entre le sud et l'ouest; à la fin ils s'établissaient entre l'ouest et le nord passant même quelquefois au nord-est, et le baromètre remontait sensiblement; à l'approche des grands orages, avec éclairs et tonnerre, j'ai presque toujours vu le baromètre baisser d'une quantité considérable, et cela en Algérie, en France et en Italie.

Signes qui annoncent la pluie. — Le signe de pluie le plus généralement connu est l'humidité du sel; il n'est personne qui, voyant la salière humide, ne dise : c'est signe de pluie. Ce fait annonce, bien certainement, la présence d'une grande quantité de vapeur d'eau dans l'air, et, par suite la formation prochaine de nuages. Il arrive cependant quelquefois, et surtout en été quand le vent souffle entre le nord et l'est, que la chaleur du soleil, dissolvant cette vapeur, empêche les nuages de se former.

Toutes les fois que les cultivateurs voient le brouillard monter, ils ne manquent pas de dire que la pluie n'est pas loin : en effet, c'est une nouvelle quantité de vapeur vésiculaire qui va s'ajouter à celle que l'atmosphère contient déjà et augmenter notablement le volume des nuages.

Le soleil se couchant dans les nuages, après le beau temps, est considéré comme présageant la pluie : ce fait annonce bien certainement, la formation de nuages dans la région de l'ouest au-dessus de l'Océan, d'où nous viennent les orages.

Les cercles, halos et couronnes, qui se montrent autour des astres, sont considérés comme des signes de pluie, bien qu'on n'aperçoive pas de nuages au ciel : ils annoncent la saturation des régions supérieures de l'atmosphère; et pour peu que le vent du sud-ouest amène ensuite des cumulus, le temps devient bientôt couvert, et la pluie s'en suit.

Temps pommelé femme fardée ne sont pas de longue durée. Le temps pommelé résulte, comme nous l'avons déjà dit plus haut, de la transformation des cirrus en cirro-cumulus : il se forme alors de la vapeur vésiculaire à une grande hauteur, en laissant au-dessus d'elle encore une certaine quantité de vapeur glacée; car il est rare qu'à travers les intervalles que les cirro-cumulus laissent entre eux, on voie le ciel bleu; il est presque toujours blanchâtre, et quelquefois gris. Là, se trouvent donc, voisins l'un de l'autre, les deux éléments de la pluie; et comme à cette vapeur vésiculaire venue d'en haut, vient s'en ajouter de nouvelles venant d'en bas, l'atmosphère se trouve bientôt dans les conditions favorables pour donner de la pluie.

Le soleil pâle de la matinée annonce la pluie, surtout quand il existe des cumulus dans la région du sud-ouest : ses rayons sont alors affaiblis en traversant une couche blanchâtre, assez épaisse, de vapeur glacée, au milieu de laquelle on ne tarde pas à voir se former des cirrus, dont la réunion, dans la journée, avec les cumulus, dont le nombre s'augmente à mesure que le soleil monte, détermine le mauvais temps.

Les gelées blanches de printemps et d'automne, sont généralement suivies de pluie dans les 24 heures. Ces gelées sont produites comme nous l'avons déjà dit, par une évaporation rapide de la rosée, qui s'enlève alors assez de chaleur à elle-même pour congeler, sur les corps, une partie de l'eau qu'elle y avait déposée, sans que la température de l'air s'abaisse à 0°. Une grande quantité de vapeur se trouve alors subitement portée dans l'atmosphère, d'où elle ne tarde pas à retomber en pluie.

La présence des nuages sur le sommet des montagnes annonce souvent la pluie : il y a peu de contrées montagneuses dont les habitants ne disent, en parlant de certain sommet, dans les Pyrénées, le Canigou, le Pic du Midi, etc. , dans les Alpes, le Pelvoux, le Chaillac, le Grand Rubren , etc., dans le Jura, la Dôle, le Colombier, etc. : a mis son chapeau , c'est-à-dire est couvert de nuages , nous aurons bientôt de l'eau. Cela est vrai quand il existe des cirrus au-dessus de ces sommets ; car ils sont les premiers à être entourés de cumulus lorsque ceux-ci commencent à se former. Mais lorsque le ciel reste pur au-dessus des grands sommets, ce qui est annoncé par une belle teinte bleue, les cumulus y demeurent quelquefois pendant plusieurs jours de suite, sans donner de la pluie, et finissent par se dissiper sous l'influence des rayons solaires, ou emportés par le vent pendant la nuit. Quand il fait un beau clair de lune, on dit alors , surtout dans les Pyrénées, que *la lune les a mangés.*

L'air saturé de vapeur moléculaire, du moins dans la région de l'atmosphère où la vapeur vésiculaire peut exister , est plus diaphane que l'air sec : cela tient probablement, à ce qu'il précipite, en les mouillant, les particules des corps, non gazeux, qui voltigent en abondance, jusquà une certaine hauteur; car on ne peut pas admettre que l'air humide absorbe moins de lumière que l'air sec, puisque, près de l'horizon, la lumière du soleil est assez faible pour qu'on puisse le regarder à l'œil nu. Cette plus grande diaphanéité de l'air humide, fait que les objets éloignés, surtout les montagnes, se voyant plus distinctement, nous paraissent rapprochés : quand des plateaux de la Bourgogne on distingue le Mont-Blanc des Alpes, le Mont-Poupet du Jura, que dans d'autres contrées, les montagnes en vue paraissent très-claires, on augure de la pluie prochainement. On est effectivement dans une condition favorable à la pluie, puisque l'air approche du point de saturation.

L'approche d'un orage occasionne, généralement, des malaises chez l'homme et, probablement aussi, chez les animaux, puisque plusieurs font entendre des cris inaccoutumés, ou se livrent à des mouvements extraordinaires. Quelques météorologistes attribuent cet effet, à la diminution de la pression atmosphérique, annoncée par la descente du baromètre, d'où résulte, immédiatement, l'augmentation de celles des gaz intérieurs des corps. C'est la même cause qui fait monter les sangsues conservées dans un bocal, ainsi que les petites grenouilles qu'on y met, dans certaines contrées, avec une petite échelle, pour servir de baromètre ; qui permet à l'eau des mares et des bassins de se troubler en laissant échapper des bulles de gaz, et aux algues qui sont dedans, de monter à la surface ; qui, augmentant les dégagements gazeux des cloaques, des fosses d'aisance, des fumiers, des soufrières, etc., fait qu'ils sentent plus mauvais ; qui fait bouillonner les sources d'eaux gazeuses, non thermales, et diminue la saveur de celles qui contiennent de l'acide carbonique, ou de l'acide sulfhydrique, augmente la quantité d'eau que versent certaines fontaines, etc.

Peltier qui donnait pour cause première l'électricité aux orages et à la pluie, explique aussi le malaise que nous éprouvons à l'approche d'un orage par un changement dans l'état électrique, il dit (1) :

« Dans l'état ordinaire, la terre présente » une tension résineuse assez puissante, et » les corps vivants qui se trouvent à sa su- » perficie participent à cette tension. L'état » naturel, habituel, normal des corps vivants, » des hommes par exemple, est donc une » tension résineuse assez marquée. Lorsqu'un » orage est sur le point de se former, c'est-à- » dire lorsque l'air est saturé de vapeur d'eau » chargée d'une puissante tension résineuse, » l'influence de cette dernière repousse l'é- » lectricité résineuse du sol, décompose l'é- » lectricité naturelle, et attire l'électricité » vitrée à la surface, les corps vivants, les » hommes sont donc, dans ce cas, dans un » état électrique complètement opposé à l'état » électrique qui leur est naturel. De là pour » eux un état de malaise, auquel on recon- » naît toujours ce qu'on appelle un temps » orageux.

(1) Ouvrage déjà cité, page 341.

» Lorsque plusieurs échanges électriques » ont eu lieu , et surtout quand la pluie a » commencé à tomber en abondance, cet » état de malaise cesse rapidement. La raison » en est simple : les décharges électriques » ont diminué la tension résineuse de l'orage; » la pluie également, d'une part parce que » chaque goutte emporte une certaine quan- » tité d'électricité, de l'autre parce que l'air » situé entre l'orage et la terre devient plus » humide et par conséquent meilleur conduc- » teur. Les corps vivants, les hommes de- » viennent donc moins vitrés et l'état de ma- » laise diminue. »

Il est possible que cette explication du malaise soit la meilleure ; mais, certainement, la diminution de la pression atmosphérique joue aussi un grand rôle dans cet effet, comme il est annoncé par l'augmentation des dégagements gazeux, dont nous avons parlé plus haut.

L'absence de rosée le matin, est, vulgairement, regardée comme un signe de pluie : nous savons que le placement d'un écran au-dessus d'un corps le préserve de rosée ; les couches de nuages, qui voilent le ciel, sont de véritables écrans ; mais comme il peut n'y en avoir qu'une, de cumulus ou de cirrus, il ne pleut pas toutes les fois que la rosée a manqué le matin.

Quand le ciel est voilé par une couche de cumulus, si l'on aperçoit partout le bleu d'azur dans les intervalles que les nuages laissent entre eux, on n'a point à craindre la pluie; mais aussitôt et toutes les fois, qu'au lieu de la couleur d'azur on aperçoit une teinte grise plus ou moins foncée, ou les filaments des cirrus, on peut prédire la pluie.

Quand le ciel est complètement caché par une couche de cumulus se touchant de manière à ne laisser aucun vide entre eux, on n'a point à craindre la pluie tant que cette couche ne descend pas, que la surface inférieure conserve sa régularité, et qu'elle reste composée de parties plus ou moins arrondies; mais quand les nuages s'abaissent, ce qui arrive quelquefois subitement, le niveau de la surface inférieure est aussitôt détruit, il s'y manifeste des mouvements divers, il se forme des nimbus et le mauvais temps arrive bientôt après.

Vents pluvieux. Dans le nord et dans le centre de la France, en Allemagne et sur les côtes occidentales de l'Espagne, ce sont les vents soufflant entre le sud et l'ouest qui amènent ordinairement la pluie ; la raison en est simple, puisque ces vents viennent de l'Atlantique, au-dessus duquel l'air est toujours saturé de vapeur d'eau. Il en est de même en Italie où les vents de cette région amènent les vapeurs de la Méditerranée.

En Algérie et probablement sur toutes les côtes septentrionales de l'Afrique, ce sont les vents de la région du nord qui amènent la pluie et le mauvais temps ainsi que je l'ai constaté par une année d'observations faites, de 1830 à 1831, à Alger et dans les environs (1), et cela parce que ces vents se chargent de vapeurs en passant dessus la Méditerranée. Par

(1) *Voyage en Algérie*, T. 1.

la même raison, dans le midi de la France et sur la côte orientale d'Espagne, il pleut souvent par les vents qui soufflent entre l'est et le sud.

Dans nos Alpes, à la fin du printemps et au commencement de l'été, il pleut fréquemment par les vents de nord-est et de l'est : c'est le moment de la fonte des neiges dans les hautes régions de ces montagnes ; il s'y forme alors une grande quantité de vapeurs que ces vents amènent au-dessus des Alpes françaises.

Après les grandes pluies venues du sud-ouest, on voit souvent dans le nord et le centre de la France, les vents du nord et du nord-ouest qui soufflent ensuite, amener une pluie plus fine et plus froide, qui dure quelquefois plusieurs jours. Il me paraît probable que les vapeurs accumulées dans la région du nord par les vents de celle du sud, sont alors ramenées à l'état de cirrus, et l'abaissement de température, que produisent toujours les vents du nord, déterminant la formation de vapeur vésiculaire dans une atmosphère saturée, la pluie continue; elle est à petites gouttes parce que la température a notablement baissé : toutes les fois que je me suis trouvé dans un nimbus donnant du grésil, d'où résulte la pluie à petites gouttes, le vent soufflait des régions septentrionales.

Durée et abondance de la pluie. La durée de la pluie est proportionnelle à l'étendue en surface et à l'épaisseur des couches de nuages qui la produisent : les couches minces, quelle que soit leur étendue horizontale, ne donnent que des pluies de courte durée, bien qu'elles soient souvent à grosses gouttes. On voit souvent, en été, un nuage noir très-épais, mais peu étendu dans le sens horizontal, fondre subitement sur une contrée, l'inonder de pluie en quelques minutes, et disparaître aussitôt, souvent au milieu d'un beau soleil. Ce phénomène est très-commun dans les montagnes, où une vallée se trouve souvent inondée, tandis qu'il ne tombe rien dans celles qui l'avoisinent. Un tel nuage, amène toujours avec lui une bourrasque de vent, qui cesse aussitôt qu'il est passé.

La continuité de la pluie exige donc la présence au-dessus du pays où elle tombe, de couches de nuages très-épaisses, et très-étendues dans le sens horizontal. Il est vrai que pendant que la pluie tombe, de nouvelle vapeur glacée descendant des régions supérieures, peut venir se mêler continuellement à la vapeur vésiculaire qui se reforme à chaque instant dans celles inférieures où il pleut; mais il faut, pour cela, qu'il existe une grande quantité de vapeur glacée dans les régions supérieures; et comme, par l'évaporation continuelle de l'eau tombée sur le sol, il existe une grande quantité de vapeur vésiculaire, au-dessous, les choses sont dans le même état que s'il existait deux puissantes couches de nuages l'une au-dessous de l'autre.

Quand, à travers la couche de nimbus qui donne de l'eau, ou de la neige si on est en hiver, on voit par les éclaircies qui se font çà et là, le bleu du ciel, ou une teinte blanche inégale parsemée de bleu, on peut annoncer que le mauvais temps finira bientôt. Alors, le nimbus ne tarde pas à s'élever en se cumulant; l'intensité de la pluie diminue progressivement, enfin elle cesse de tomber. C'est alors que l'on voit des cumulus se former, çà et là, dans le voisinage de la surface du sol, surtout dans les contrées montagneuses, sur les points où il se produit des changements brusques de température : près des glaciers et des masses de neige, dans les hautes montagnes; au-dessus des bois et des lacs, le long des rivières, etc., dans les plaines.

La quantité d'eau en pluie ou en neige, qui tombe sur un point dans un temps court bien entendu, est exactement proportionnelle à l'épaisseur du nimbus qui se trouve au-dessus. Cette quantité se mesure par l'épaisseur de la couche d'eau tombée sur une surface horizontale. Pour avoir cette épaisseur, on a imaginé divers instruments nommés *pluviomètres, udomètres, hyétomètres ou ombromètres*. Ce sont, tout simplement, des vases ouverts par en haut, dont le fond est horizontal, et construits de manière à empêcher, autant que possible, l'évaporation de l'eau qu'ils reçoivent. On les place dans des endroits découverts, de manière à ce qu'ils reçoivent directement la pluie ou la neige. En disant qu'il est tombé 0,^{m}025 d'eau dans un temps donné, on entend que l'ouverture du pluviomètre tournée vers le ciel, aura laissé passer une couche de cette épaisseur. Celle-ci se détermine, en recueillant l'eau tombée sur le fond du vase, dont le rapport de la surface avec celle de l'ouverture supérieure, est connu. M. Flaugerques, ayant adopté une girouette à son pluviomètre, a pu déterminer la quantité d'eau tombée par les différents vents.

Il tombe, en moyenne, annuellement à Paris 0,^{m}570 d'eau (1), le nombre des jours de pluie étant 147, c'est 0,^{m}004 d'eau qui tombe moyennement en un jour. Par des averses extraordinaires, on a vu tomber

à Joyeuse, octobre 1827,

en 24 heures . . . . 0,^{m}791 de pluie

à Gênes, octobre 1822, en 24 h. 0,^{m}812 »

à Bruxelles, juin 1839, en 3 h. 0,^{m}112 »

(1) Becquerel, ouvrage cité, page 402.

en moyenne il tombe en 24 heures,

à Gênes . . . . 0,m010 de pluie

à Joyeuse . . . . 0,m013 »

La quantité de pluie qui tombe dans un même lieu, est proportionnelle à l'élévation de la température. Tout le monde sait que les pluies d'été sont plus abondantes que celles d'hiver. Les pluies du voisinage de midi, époque du maximum de la quantité de vapeur d'eau contenue d'air, sont notablement plus abondantes que celles du matin et du soir, toutes choses égales d'ailleurs. Dans une même contrée il pleut davantage sur les côtes que dans l'intérieur du continent : tandis qu'il tombe dans le nord de la France et l'Allemagne 0,m 678 d'eau par an, il en tombe dans l'ouest de l'Angleterre 0,m916.

En général, la quantité d'eau qui tombe dans une année va en diminuant de l'équateur vers les pôles. On conçoit en effet que plus la température est élevée plus la précipitation de la vapeur d'eau est difficile ; mais comme il en existe, en même temps, une bien plus grande quantité dans l'atmosphère, il doit s'en précipiter davantage, quand les circonstances qui déterminent la pluie se trouvent réunies. Dans les régions septentrionales où la basse température produit très-facilement de la vapeur visible, les nuages sont très-communs, et l'atmosphère se trouve souvent dans les conditions favorables à la pluie.

L'ensemble des observations faites jusqu'à ce jour, prouve que la quantité, annuelle, d'eau qui tombe dans une contrée est presque constante, en sorte que lorsqu'une saison a été extraordinairement pluvieuse, on peut annoncer la sécheresse pour celle qui va suivre. Chez nous en 1854 les mois de février, mars et avril ont été secs et nous avons joui d'un temps magnifique ; mais la pluie est tombée presque sans interruption du 1er mai au 15 août, et la récolte de la vigne a été presque nulle dans tout le centre de la France. Une grande sécheresse a ensuite régné du milieu d'août au commencement d'octobre, puis sont venues des pluies diluviennes qui ont duré jusqu'au 1er novembre. On ne saurait donc trop engager les cultivateurs qui possèdent des réservoirs, à faire provision d'eau pendant les pluies, pour arroser pendant la sécheresse qui va suivre.

Voici, d'après M. de Gasparin, le tableau de la quantité moyenne de pluie, qui tombe, en Europe dans les différentes saisons (1) :

PAYS.	QUANTITÉ MOYENNE DE PLUIE.				
	HIVER.	PRINTEMPS	ÉTÉ.	AUTOMNE	ANNÉE ENTIÈRE.
Angleterre à l'ouest	0,^{m}240	0,^{m}171	0,^{m}222	0,^{m}283	0,^{m}916
Côtes O. d'Europe .	0, 186	0, 141	0, 170	0, 246	0, 743
Angleterre à l'est .	0, 167	0, 145	0, 171	0, 204	0, 687
France méridionale et Italie sud des Apennins. . .	0, 195	0, 194	0, 133	0, 292	0, 814
Italie nord des Apennins	0, 139	0, 139	0, 276	0, 354	0, 908
France septentrionale et Allemagne.	0, 126	0, 148	0, 230	0, 174	0, 678
Scandinavie. . . .	0, 081	0, 076	0, 171	0, 148	0, 476
Russie	0, 040	0, 600	0, 166	0, 098	0, 904

(1). Becquerel, page 398.

« On remarque, dit M. de Gasparin, la » prédominance des pluies d'automne sur les » pluies d'été, dans toutes les régions situées » sur les bords de la Méditerranée et à l'ouest » du continent, jusqu'à la hauteur de l'Angle- » terre; au nord et à l'ouest de cette bande, » le maximum des pluies tombe en été. Ainsi » dans la bande des pays à pluies d'automne » se trouvent l'Angleterre entière, les côtes » de l'ouest du continent jusqu'en Norman- » die, la France méridionale, l'Italie, la » Grèce, l'Asie-Mineure, la Syrie, l'Egypte, » la Barbarie, Madère; la bande des pluies » d'été comprend la France septentrionale, » l'Allemagne, les côtes de l'Océan à partir » de l'Angleterre, l'interposition de cette île » entre la direction des vents pluvieux et les » Pays-Bas, les transformant en pays conti- » nentaux; en un mot, tout ce qui se trouve » au nord du plateau central de l'Europe, » prolongé des Alpes vers les monts Carpa- » thes, laissant au midi la vallée du Danube » au-dessous de Vienne. »

Le tableau précédent montre que la quantité annuelle d'eau tombée sur le sol, en Europe, va en diminuant du sud au nord, ce qui provient de l'épuisement des vapeurs qui est de plus en plus grand à mesure que l'on avance vers le nord. Cet effet est déjà très-sensible d'un bout de la France à l'autre; car, tandis qu'il tombe dans le midi annuellement $0,^{m}804$ d'eau il n'en tombe que $0,^{m}678$ dans le nord. Par la même raison, cette même quantité diminue en s'avançant des côtes dans l'intérieur du continent : les côtes occidentales de l'Angleterre reçoivent $0,^{m}916$ d'eau par an, et les côtes orientales n'en reçoivent que $0,^{m}687$, il tombe annuellement à la Rochelle $0,^{m}652$ d'eau et à Paris seulement $0,^{m}570$. A Nantes la quantité de pluie est de $1,^{m}292$ par an, c'est le point de l'Europe où il pleut davantage.

Il pleut généralement plus souvent dans les montagnes que dans les plaines, ce qui provient bien certainement de ce que les cirrus attirent les nuages, suivant l'expression vulgaire. Il est possible que l'électricité joue un grand rôle dans ce phénomène, mais on n'a pas encore pu le constater. Ce qu'il y a de bien certain, c'est que les hautes cîmes, rayonnant de toute part avec l'espace, se refroidissent plus que le sol des plateaux situés au-dessous; d'un autre côté, elles sont souvent environnées de neiges et de glaciers: ce sont donc des régions de températures minima, qui condensent les vapeurs dans leur sphère de refroidissement et les forcent à y former des nuages. En Italie, où la pluie est amenée par les vents de la région du sud, il ne tombe annuellement que 0,^{m}804 au sud de la chaîne des Apennins, tandis qu'il en tombe 1,^{m}022 au nord; à Chambéry, situé entre la direction du vent sud-ouest et le Mont-Blanc, au pied occidental des Alpes, la quantité de pluie annuelle est de 1, 653; à Bergen, situé dans la même position par rapport aux Alpes scandinaves, elle est de 2,^{m}250.

Fréquence des pluies. Dans chaque contrée, le nombre des jours de pluie, n'est pas toujours en rapport avec la quantité d'eau qui tombe; car suivant les circonstances, dans un même espace de temps, la pluie est plus ou moins abondante. M. de Gasparin a donné le tableau suivant des jours de pluie en Europe dans les diverses saisons (1).

PAYS.	HIVER.	PRINTEMPS	ÉTÉ.	AUTOMNE.	ANNÉE ENTIÈRE.
Angleterre à l'ouest	43,1	37,6	33,9	44,9	159,5
Angleterre à l'est.	40,0	39,5	34,4	38,8	152,7
Côtes de l'ouest de l'Europe . . .	34,4	34,4	32,9	38,0	139,7
France et Italie du sud	25,4	25,2	15,2	25,4	91,2
Italie nord des Apennins	25,4	27,1	25,1	26,6	104,2
France septentrionale et Allemagne	36,1	37,0	36,8	35,0	144,9
Scandinavie . .	35,2	30,3	32,6	35,1	133,2
Russie	23,1	23,4	27,9	26,6	100,9

Ce tableau montre que c'est dans le sud de la France et au sud des Apennins, en Italie, qu'il pleut le moins souvent, ensuite en Russie, puis en Italie au nord des Apennins; enfin,

(1) Becquerel, ouvrage cité, page 400.

que c'est en Angleterre, et, surtout dans la partie occidentale qu'il pleut le plus souvent. C'est généralement pendant l'hiver qu'il pleut le plus souvent, il pleut à peu près aussi souvent en automne qu'au printemps, et c'est en été qu'il pleut le moins souvent, excepté en Russie. J'ai passé la plus grande partie de l'année 1852 à Rome et dans les environs. Jusqu'au mois de juin, nous eûmes souvent de la pluie; mais de juin au 15 octobre il n'y eut pas six jours de pluie, bien que le matin, et quelquefois le soir, les bords de la mer fussent presque toujours couverts de brumes, lesquelles montant avec le soleil, allaient former des couches de cumulus sur les Apennins. Mais dans tout cet espace de temps, les cirrus ne pouvaient pas parvenir à se former : les filaments qui se montraient quelquefois le matin disparaissaient bientôt sous l'influence des rayons solaires, et le soir le ciel était ordinairement très-pur. Ce n'est qu'à la fin d'octobre, lorsque le thermomètre ne dépassait plus 18° à l'ombre, que les cirrus ont commencé à se former facilement et en abondance. Alors et seulement alors, les pluies fréquentes et abondantes sont arrivées : au bout de huit jours, les plaines du Latium et de l'Etrurie qui, auparavant, désolaient l'œil par leur aridité, étaient toutes reverdies; et nous jouissions d'un second printemps. Dans le même temps, les hauts sommets des Apennins, élevés de 2,000^{m} au-dessus de la Méditerranée, se couvrirent de neige. J'ai observé le même fait en Barbarie pendant les années 1830 et 1831 ; il provenait, sans doute, de la même cause ; mais alors, je n'avais pas encore séjourné sur les hautes montagnes, ni étudié, dans les régions élevées, les rapports entre les cirrus et les cumulus.

La quantité d'eau, tant en neige qu'en pluie, qui tombe annuellement sur la surface de la terre, est beaucoup moins considérable qu'on pourrait le croire d'après le nombre des jours de pluie, et à la vue de ces grandes averses qui durent quelquefois des journées entières. Les pluies diluviennes des tropiques ne donnent pas plus de 0,^{m}2 d'eau en douze heures. Dans nos contrées, lorsque la quantité d'eau qui tombe par jour dépasse 0,m03 les plaines sont bientôt inondées. En général, la quantité d'eau qui tombe annuellement diminue à mesure que l'on s'éloigne de la mer : sur la côte occidentale de l'Angleterre, il tombe 0,m92 d'eau, et il n'en tombe que 0,m65 dans l'intérieur du pays. Sur les côtes de France et de Hollande, la quantité de pluie est de 0,m68 et dans l'intérieur de 0,m65. Dans les plaines de l'Allemagne elle n'est que de 0,m54 et à Bade de 0,m43 à 0,m46.

En supposant l'atmosphère divisée en tranches de 860 mètres d'épaisseur, dont la température décroîtrait de 5° en 5° depuis +30° jusqu'à -- 10°, M. Becquerel a calculé (1) que la quantité totale d'eau en vapeur dans l'atmosphère à un instant quelconque, ne dépasse pas le poids d'une couche d'eau de 0,m1 d'épaisseur qui couvrirait notre globe entier. Ainsi s'explique la petite épaisseur de la couche d'eau qui tombe, même dans les plus fortes averses.

(1) Becquerel, ouvrage cité, page 369.

Bien qu'il pleuve beaucoup plus souvent sur les montagnes que dans les plaines situées à leur pied, la quantité d'eau qui tombe chaque année est notablement plus considérable en bas qu'en haut. C'est un fait parfaitement constaté, et qui s'explique d'après la précipitation de la vapeur des couches inférieures, par l'eau froide venant d'en haut. Mais la différence est quelquefois si grande, qu'il faut nécessairement admettre des influences locales, généralement inconnues : à l'observatoire de Paris il existe deux udomètres, l'un placé sur le sol de la cour, et l'autre sur la terrasse à 27^{m} au-dessus, le premier reçoit en moyenne, annuellement. . . . . $0,^{m}57$ d'eau
tandis que le second n'en reçoit que $0,^{m}50$ »
la différence . . . . $0,^{m}07$, ne peut être uniquement attribuée à la petite différence de niveau des deux udomètres.

CHAPITRE CINQUIÈME.

Utilité de la Pluie et de la Neige.

Une grande partie de la surface de notre planète est couverte par les eaux, en représentant cette surface par 1, celle des différentes mers réunies serait exprimée par 0,75, sans compter les lacs, les étangs, les mares, les fleuves, les rivières et les ruisseaux. De plus, l'intérieur de la terre contient lui-même une immense quantité d'eau, puisque l'on en rencontre toutes les fois que l'on creuse à une certaine profondeur. J'ai vu ouvrir la grande tranchée de 14^{m} de profondeur, du chemin de fer de Tours à Bordeaux entre les vallées du Cher et de l'Indre, dans la craie marneuse. Cette tranchée, dans presque toute son épaisseur, mit à découvert une immense quantité de filets d'eau qui se croisaient dans tous les sens : on pouvait les comparer aux veines du corps d'un animal. Les sondages faits pour l'établissement des puits artésiens, ont montré qu'il existe dans l'intérieur de la terre et à une assez grande profondeur, des masses et même des courants d'eau considérables ; ce sont ces eaux souterraines qui donnent naissance à tous les cours d'eau de la surface ainsi qu'aux fontaines et aux lacs.

Comme l'eau se réduit en vapeur à toutes les températures lors même qu'elle est à l'état de glace, toute celle qui est à la surface de la terre, et, par suite, dans son intérieur, se trouverait épuisée au bout d'un certain laps de temps, s'il n'existait un moyen de compenser les pertes. Ce moyen est la précipitation de la vapeur répandue dans l'atmosphère par la rosée, la neige et la pluie. Le niveau de l'Océan, qui est le grand réservoir des eaux, n'ayant pas varié depuis des siècles qu'on l'observe, il en résulte que la quantité d'eau, continuellement enlevée par l'évaporation est aussitôt rendue par la précipitation de la vapeur. Ce fait entraîne avec lui la nécessité qu'il pleuve toujours sur une certaine étendue de la surface du globe; car la rosée qui tombe toutes les nuits, ne pourrait pas, à elle seule compenser l'évaporation. On sait effectivement que les saisons de beau temps dans certaines contrées, correspondent aux saisons pluvieuses d'autres et réciproquement. En France, même, la pluie n'est jamais générale non plus que le temps sec.

La pluie est donc indispensable au maintien de l'équilibre universel des eaux couvrant une portion de la surface de notre planète, qui nourrissent dans leur intérieur une immense quantité d'êtres animés, végétaux et animaux, et servent à désaltérer les animaux terrestres.

On sait quelle grande influence la pluie a sur les progrès de la végétation, et que les contrées qui en sont privées, comme les déserts du centre de l'Afrique, sont frappées de stérilité. Ce n'est pas seulement par l'humidité qu'elle répand dans le sol que la pluie alimente les végétaux : elle leur apporte avec elle une certaine quantité d'ammoniac d'où ils tirent de l'azote, gaz indispensable à leurs progrès ; elle introduit avec elle, dans la terre végétale, le détritus des animaux et des végétaux, qui se consument sans utilité pour la végétation, dans les pays où il ne pleut pas ; en humectant les engrais que le cultivateur enfouit dans le sol. elle facilite leur absorption par les plantes ; enfin, il est probable que c'est par la décomposition de l'eau qu'ils aspirent, que les végétaux se procurent une grande partie de leur hydrogène, si ce n'est tout leur hydrogène.

Les masses et les cours d'eau souterrains en vertu de la capilarité et de la propriété que possède l'eau de s'introduire dans les corps perméables qui la touchent, éprouvent des pertes continuelles par l'eau qu'ils envoient à la surface du sol, sur tous les points où il ne se trouve pas une couche imperméable, comme de la glaise, entre cette surface et eux. C'est la cause qui entretient en grande partie la végétation pendant les sécheresses : ayant souvent observé dans un même champ cultivé, horizontal, des parties plus vertes que les autres; j'ai fouillé avec une pioche et j'y ai toujours trouvé la terre plus humide qu'ailleurs, et humide quand le reste était absolument sec. Cette humidité ne pouvait évidemment provenir que de l'intérieur. Dans tous les oasis des déserts, où il ne pleut jamais, on trouve de l'eau en creusant à une petite profondeur, et c'est à sa présence que ces contrées doivent leur belle végétation au milieu de sables arides. Cette eau vient certainement de l'intérieur de la terre par des courants partant des montagnes qui bordent ses déserts ; et ces oasis sont des points, situés au-dessus de ces courants. sur lesquels il ne se trouve point de couches imperméables entre eux et le sol, ou au-dessus des réservoirs intérieurs dans lesquels l'eau vient s'accumuler, et qui ne sont recouverts que par du sable.

Ainsi l'aridité des déserts n'est pas due seulement, comme on le croit, à ce qu'il n'y pleut jamais; mais encore à ce qu'une couche imperméable empêche les eaux souterraines de monter jusqu'à la surface du sol.

On croit généralement que les eaux souterraines sont alimentées par celles des pluies et des neiges qui filtrent doucement à travers le sol. Les expériences que j'ai faites m'ont prouvé que l'eau de la pluie ne descend jamais à une grande profondeur, dans nos sols arables perméables à l'eau, mais sans fissures : il faut plus d'une journée de pluie continuelle pour mouiller le sol cultivé de nos plateaux de Touraine, après une sécheresse ordinaire, jusqu'à 0,^{m}2 de profondeur, et après les plus grandes pluies continuées pendant plusieurs jours de suite, le sol n'est pas mouillé au-delà de 1,^{m}0. On peut se rendre compte de ce fait d'après la petite épaisseur de la couche d'eau qui tombe, généralement, dans chaque averse : en outre, cette eau ne pénètre pas toute dans le sol; une grande partie coule dessus pour aller se rendre dans les ruisseaux, les rivières, etc. De celle qui pénètre dans la terre, une portion est pompée par les végétaux qui en reversent une grande partie dans l'atmosphère ; les courants d'air, en balayant la surface du sol, lui enlèvent, à chaque instant, une portion de l'humidité qui la pénètre, enfin la chaleur propre du sol réduit en vapeur une partie de l'eau qui s'y est introduite. Toutes ces causes réunies, font que l'eau qui pénètre à travers les particules des sols arables, ne peut jamais descendre à une certaine profondeur, et qu'il suffit de quelques journées sèches pour l'épuiser entièrement.

L'eau qui va alimenter les réservoirs souterrains n'y arrive donc pas en pénétrant la terre qui est au-dessus comme une masse de sable, elle passe par les fissures des roches, qui sont très-nombreuses, surtout dans les pays montueux, et voilà précisément pourquoi ces pays se trouvent être les grands réservoirs des eaux souterraines. Quelques météorologistes ont écrit que les montagnes étaient des régions de réservoirs d'eau parce qu'il y pleuvait davantage que dans les plaines; mais nous avons vu, page 128, que c'est précisément le contraire qui a lieu : il pleut plus souvent sur les montagnes; mais il y tombe annuellement moins d'eau que dans les plaines qui sont à leur pied.

La neige qui, à certaines époques, couvre la surface du sol, finissant toujours par fondre, au-dessous de la limite des neiges perpétuelles, fournit aussi à la terre une grande quantité d'eau, qui la mouille davantage que celle des pluies : en effet, la fusion des neiges étant généralement lente, la terre peut absorber continuellement leurs produits, tandis qu'une grande partie de celle des averses court sur le sol, en suivant les lignes de plus grande pente pour aller se rendre dans le lit des ruisseaux et des rivières. D'un autre côté, la neige restante, préservant la surface qu'elle recouvre du contact de l'air, empêche, en grande partie, l'évaporation de l'eau qui s'infiltre au-dessous ; de plus, dans la saison des neiges ; la terre est beaucoup moins couverte de végétaux que dans celle des pluies, et nous venons de dire que les végétaux enlèvent continuellement au sol, dans lequel ils vivent, une partie notable de l'eau qu'il a absorbée.

Ce n'est pas seulement par l'eau qu'elle lui

fournit que la neige est utile, et très-utile à la végétation ; c'est aussi un vaste écran interposé entre la surface du sol et les espaces célestes, qui, s'opposant au rayonnement avec ces espaces, fait que cette surface se refroidit beaucoup moins que lorsqu'elle est à nu ; en outre, sa couleur blanche, en rend le pouvoir émissif très-faible ; il est donc certain que la neige préserve la terre du froid pendant l'hiver.

Pour déterminer la valeur de cet effet bienfaisant, j'ai fait une suite d'observations du 20 au 31 janvier 1855, temps pendant lequel les environs de Paris ont été couverts d'une couche de 0,^{m}06 de neige, et le thermomètre a varié entre — 1,°0 et — 11,°0. Ces observations ont été faites à différentes heures de la journée avec trois thermomètres, l'un suspendu à l'air libre, le second placé sur le sol et recouvert de 0,^{m}05 de neige qui faisait suite à la couche générale, le troisième dans une petite rigole faite sur le sol, dans un espace d'où la neige avait été enlevée. Les résultats obtenus sont réunis dans le tableau suivant :

Température du 20 au 31 janvier 1855, depuis midi jusqu'à 4 heures du soir.

DE L'AIR	DU SOL SOUS LA NEIGE.	DIFFÉRENCE.	DU SOL À L'AIR.	DIFFÉRENCE du Sol AVEC L'AIR.
— 1,° 0	— 0,° 0	— 1,° 0	— 0,° 0	— °1
— 2, 0	— 0, 5	— 1, 5	— 1, 5	— 0, 5
— 3, 0	— 0, 5	— 2, 5	— 1, 5	— 1, 5
— 4, 0	— 1, 0	— 3, 0	— 2, 0	— 2, 0
— 4, 5	— 1, 5	— 3, 0	— 2, 5	— 2, 5
— 6, 0	— 1, 5	— 4, 5	— 2, 5	— 3, 5
— 6, 5	— 2, 0	— 4, 5	— 3, 0	— 3, 5

Il suffit donc de 0,^{m}5 de neige pour arrêter 4,° 5 de froid quand le thermomètre descend à — 6,° 5. Comme la série des différences croît aussi rapidement que celle des températures de l'air, on voit que le thermomètre peut descendre très-bas sans que les plantes, enfouies sous la neige, aient rien à redouter de la rigueur du froid. De plus, dans le dégel, elles ne passent point subitement d'une basse température à une température de + 2° ou + 3°; alternative qui suffit pour en détruire un grand nombre. On comprend donc, d'après cela, comment dans les régions boréales, et dans nos régions alpines, les plantes, et surtout les graminées, sortent vigoureusement de dessous la neige, qui les a couvertes pendant plusieurs mois. Tous les cultivateurs savent que le blé et plusieurs autres plantes végètent sous la neige, dans le même temps que ces plantes sont anéanties, par le froid, dans les endroits qui n'en sont pas couverts. Il est parfaitement établi, dans nos contrées, que les années dont les hivers sont très-neigeux, sont les plus abondantes en céréales et en fourages, et que, lorsque les arbres sont couverts de givre pendant les froids, ils donnent ensuite beaucoup de fruits.

Les deux dernières colonnes du tableau qui donnent la température dont on a enlevé la neige et sa différence avec celui de l'air, montrent que la neige conserve encore la chaleur du sol qui en a été découvert sur un espace limité.

La surface des montagnes se refroidit plus que celle des plaines par deux causes, sa plus grande élévation et parce qu'elle fait partie de masses isolées qui perdent une grande quantité de chaleur par le rayonnement ; si, pendant l'hiver, cette surface restait à nu, la grande intensité du froid pourrait faire périr les plantes qui y croissent naturellement et celles que l'homme y cultive ; la neige vient heureusement les préserver de cette calamité. En fondant au commencement des saisons chaudes, cette même neige donne de l'eau qui passant par les nombreuses fissures des roches, va remplir les réservoirs souterrains, d'où partent des ruisseaux, dont la réunion forme des rivières qui coulent dans le fond des vallées, en les fertilisant, pour se rendre ensuite dans les plaines, où l'homme s'en empare pour arroser ses cultures, faire mouvoir ses usines et transporter des masses de matériaux.

Je ne saurais mieux terminer ce petit volume qu'en faisant remarquer l'admirable harmonie qui existe entre tous les phénomènes que nous avons décrits, et en rendant hommage à l'Être suprême, qui semble s'être appliqué à disposer la terre entière pour nous donner une existence tranquille et agréable pendant le cours de notre vie charnelle.

D'après l'organisation des êtres vivants, qui contiennent tous une certaine quantité d'eau, la vie ne peut se développer ni se continuer ensuite, sans l'intervention de ce liquide : une puissante couche d'eau couvre une portion de la surface de notre planète, et des masses plus ou moins considérables circulent dans son intérieur. Pour distribuer ce liquide bienfaisant à tous les êtres organisés qui n'y sont pas plongés, la terre est entourée d'une enveloppe gazeuse, l'atmosphère, destinée à lui servir de véhicule ; sous l'influence de la chaleur du soleil et de celle propre à la terre, l'eau s'élève lentement et par molécules dans l'atmosphère jusqu'à ce que l'abaissement de la température l'amène à l'état solide. Des forces qui nous sont encore inconnues, mais parmi lesquelles se trouvent certainement les influences électriques, tiennent la vapeur d'eau à l'état solide et aussi à l'état vésiculaire, en suspension dans l'atmosphère, dans des régions fort élevées et où l'air se trouve déjà très-raréfié. Dans ces deux états, la vapeur peut former, assez longtemps, des couches homogènes, qu'on n'aperçoit pas toujours d'en bas. Mais des circonstances qui nous sont encore inconnues déterminent dans ces couches des groupements, qui finissent par engendrer des nuages : c'est une espèce de rappel, qui prévient la vapeur de se préparer à redescendre dans les réservoirs d'où elle est partie.

Peu de temps après que les deux espèces de nuages, glacés et vésiculaires, se sont formées, elles se réunissent pour descendre ensemble d'abord sous forme de neige, qui se résout en pluie en arrivant dans les régions inférieures. De l'eau qui tombe sur la terre, une portion arrive directement dans la mer, les lacs et les cours d'eau, une seconde s'y rend en coulant sur le sol, la troisième s'infiltre dans la terre par les fissures des roches pour aller compenser les pertes des réservoirs souterrains; et la quatrième enfin est presque immédiatement rendue à l'atmosphère, par l'expiration des plantes et la vaporisation produite par la chaleur propre de la terre. Il existe donc ainsi une circulation continuelle et universelle des réservoirs d'eau terrestres, jusque vers les hautes régions de l'air et de celles-ci vers les mêmes réservoirs : c'est une chaîne sans fin qui marche continuellement ; ce mouvement perpétuel apporte à chaque être vivant la quantité d'eau dont il a besoin, en même temps qu'il tempère l'ardeur du soleil dans l'été et l'intensité du froid dans l'hiver.

Lecteur, n'es-tu pas transporté d'admiration par la simplicité de ce mécanisme, qui donne l'existence à tant de milliards d'êtres organisés ? Rien ici n'est difficile à comprendre, tout tombe sous les sens, il suffit d'ouvrir les yeux pour voir.

Grand Dieu ! dont la nature entière annonce la puissance et l'ineffable bonté, je crois faire un acte digne de votre indulgence, en cherchant à révéler aux hommes une de vos innombrables œuvres, celle par laquelle vous avez assuré l'existence de tout ce qui a vie dans ce bas-monde.

TABLE

DES MATIÈRES.

CHAPITRE PREMIER.

CHAPITRE DEUXIÈME.

CHAPITRE TROISIÈME.

CHAPITRE QUATRIÈME.

CHAPITRE CINQUIÈME.

PLUIE EN EUROPE,

PAR LE COMMANDANT ROZET.

Un Volume in-12, prix 2 francs.

A PARIS : MALLET-BACHELIER, Libraire, quai des Augustins, 55.
A CHALON-SUR-SAONE : Mlle ROZET, Libraire-Éditeur.
A BRUXELLES : DECQ, Libraire.
A LONDRES : NUTT, Libraire.

PROSPECTUS.

Jusqu'à présent, on n'a parlé du phénomène de la pluie que dans les traités de Physique et de Météorologie, d'une manière générale et en quelques pages seulement.

Les nombreux voyages de l'auteur dans les montagnes, pour les travaux géodésiques de la nouvelle carte de France, l'ont mis à même de faire un grand nombre d'observations, nouvelles, sur la formation des nuages, et d'examiner, de près, les phénomènes qui donnent naissance aux orages, à la pluie et à la neige. Déjà, plusieurs de ses observations, communiquées à l'Académie des Sciences, ont été publiées dans les comptes rendus des séances.

Pendant les étés de 1853 et 1854, que M. Rozet a passé sur les hauts sòmmets des Alpes, il a pu compléter ses premières découvertes et en faire de nouvelles. Combinant les faits qu'il a rassemblés avec ceux consignés dans les ouvrages de Saussure, de Kaemtz, de Peltier, de Becquerel, etc., il a rédigé le petit volume que nous publions aujourd'hui.

Dans cet ouvrage, l'auteur a voulu mettre la question à la portée de toutes les intelligences; il prend la vapeur d'eau à l'instant où elle s'élève dans l'atmosphère, à l'état invisible, et suit toutes ses transformations en brouillards et nuages, en décrivant les divers phénomènes que ces transformations présentent. Il montre ensuite que les nuages se combinent entre eux, pour donner naissance aux orages, d'où résultent la neige et la pluie, qui rapportent sur la terre, l'eau que l'évaporation en avait enlevée. Enfin, dans le dernier chapitre, intitulé: *Utilité de la Pluie et de la Neige*, il montre la nécessité du retour, sur le sol, de la vapeur d'eau répandue dans l'atmosphère, pour l'existence et la prospérité des animaux et des végétaux.

Notre petit volume compose un traité très élémentaire de Météorologie, qui pourra être donné depuis les écoles d'enseignement secondaire jusque dans les lycées impériaux: il se recommande par la simplicité du style et l'exactitude des descriptions.

Afin de nous associer aux intentions de l'auteur, nous avons imprimé ce livre avec soin et sur beau papier, dont le prospectus en est le spécimen.

Nous en avons réduit le prix autant que possible, afin qu'il soit à la portée de toutes les bourses, ainsi qu'il est à la portée de toutes les intelligences.

MALLET-BACHELIER et L.-A. ROZET.